AF565594

PFADE eines —JÄGERS

HEIKO VON PRITTWITZ UND GAFFRON

PFADE eines — JÄGERS

KOSMOS

Widmung und Dank

Für Sabine

Ich widme dieses Buch allen „kritischen" Jägern und Jägerinnen, denen Wohlergehen allen Wildes und aller Tiere und Waidgerechtigkeit wie Hege am Herzen liegt. Ich danke Gabriele Haslinger für wunderbare Zeichnungen, Dr. Paul Dahms für viele Anregungen, Meinhard Mengel für jedwede Unterstützung. Und ich danke dem Franckh-Kosmos-Verlag für den Mut, in Zeiten rückläufiger Belletristik dieses Buch herausgebracht zu haben.

Seckenhausen, im Juli 2021

Inhalt

Bockjagd vor Corona-Zeiten 9

Der Snook 23

Pica Pica 34

Die Alligator-Lady 42

Der Raubwildjäger 60

Im Gepardenland 67

Auf Karpfen am Otjivero-Damm 79

Das Keilerchen 89

Der Warzenschwein-Keiler 94

Der Oryx-Bulle 99

Jagd mit jungen Wilden 114

Der Ameisenkeiler 126

Das Ratz-Fatz-Keilerchen 137

Waterloo 143

Überraschung am Luderplatz 151

Bockjagd in Corona-Zeiten 155

Waterloo 2.0 166

Vom Heiligen Geist 176

Erinnerungen –
der lange Pfad zum Jäger 195

Ein braver Hund, ein zünftiger Bergrucksack mit Bergstutzen und Bergglas unterm grünen Hut mit Gamsbart und Erlegerbruch an blockhölzerner Hüttenwand – Jagerherz, was willst Du mehr?!? „Nichts", ist die natürliche Antwort …

Rote Böcke

Bockjagd vor Corona-Zeiten

Lieber Leser und liebe Leserin, wie gut, dass du nicht weißt, was die Zukunft dir verheißt. Auch wenn Kohorten von Zukunftsforschern damit beschäftigt sind, eine schöne, neue Welt zu zeichnen. Aber meistens kommt es anders als man denkt. Und nicht immer ist die neue Welt auch schön. Binsenweisheiten.

Während in den vergangenen Jahren ASP, Neozoen und Wolf einerseits, Flüstertüte, Nachtsicht- und Nachtzielgeräte andererseits die Jägerschaft beschäftigten, hatte niemand, wirklich niemand, eine Pandemie im Angebot; dafür aber Klimawandel, Klimakrise, Käferkalamitäten, Waldsterben 2.0 und Wald vor Wild. Hätte ich in den Jahren vor 2020 auch nur eine leiseste Ahnung von Corona gehabt, ich hätte die Jagd auf den roten Bock gebührender gefeiert, ausgiebiger zelebriert. Mehr als gewöhnlich.

So blieb es bei magischen Momenten im Jagdkalender und der Gewissheit ihrer Wiederkehr im kommenden Jahr. Das verlieh den jagdlichen Höhepunkten eine gewisse Regel- und Routinemäßigkeit. Wie schändlich schnöde war und ist diese Unterwertschätzung. Hätte ich gewusst, dass und wie sehr eine Pandemie das Leben, das jagdliche Leben, insbesondere das Leben eines Reisejägers, verändern würde, ich hätte die Bockjagd, die Böcke andächtiger gewürdigt. Von einigen magischen Momenten vor Corona-Zeiten, von roten Böcken auf den Pfaden eines Jägers sei hier erzählt.

Es ist im Niederbayerischen, Ende Juni 2017. Zum Abendansitz hocke ich in Roberts Schafshiller Revier auf der sogenannten Kanzel ohne Dach. Es ist dies die Kanzel, wo sich anno 2004 das Fuchs-Marder-Drama abspielte: „Räuber unter sich", beschrieben im Buch „In Feldern und Wäldern". Und wo ich in schwarzdunkler Nacht quasi auf dem schwarzen Bail auf schwarzem Grund saß, geschildert in „Saubande", ebendort. Vor einigen Tagen haben Freund Tom, meine Söhne Max, Tris und ich die in die Jahre gekommene Kanzel ausgebessert, einen neuen Boden eingezogen, eine neue Leiter montiert sowie Auflage- und Sitzbretter ausgetauscht – die Einrichtung ist wieder brauchbar und hielte nun auch kritischen Augen der Berufsgenossenschaftsvertreter stand.

Hier will ich es versuchen. Hinter der Kanzel liegt ein Steilhang bestockt mit Buchen, eingestreuten Fichten und einzelnen Kiefern, vor ihr lockt ein abfallender Acker mit Sojabohnen, weiter unten in der Senke bietet ein Rapsfeld gute Deckung und rechts vor der Waldzunge liegt ein Streifen Wildacker feinster Kräuter. Ein Dorado für Rehe – Deckung, Äsung und Grenzlinien zur Genüge. Gestern Abend saß hier Jungjäger Max und beobachtete mehrere Ricken und Kitze, einige Schmalrehe und einen jungen Zukunftsbock. Ganz spät trat dann ein starker Bock aus! Den konnte er bei schwindendem Licht auf 200 Schritt nicht genau ansprechen und ließ ihn aus – Respekt, Max! Aber dass es ein kapitaler Bock war, das konnte er bestätigen. Wir tauften den bis dato Unbekannten Bunkerbock 2.0, denn unweit steht der Bunker von Roberts Bauunternehmung zur sicheren Lagerung von Sprengstoff für den Steinbruch.

Schon einmal gab es hier vor Jahren einen kapitalen Bock, den Bunkerbock 1.0! Ein Traumbock! Gewaltig, unerreicht und unerreichbar. Er blieb ein ewiger Jagdtraum. So stark er war, so war er uns auch über, zeigte uns Jägern schonungslos, wer Herr im Hause, wer Meister im Revier war – er blieb ein Phantom der dunklen Nacht, des frühesten Morgendämmers, des allerletzten Abendlichtes, der stillen Winkel, geizte mit seinen zweifellosen Reizen bei hellem Licht. Bis auf das eine Mal! Da stand ich nach ereignislosem Morgenansitz mit Kameraden im jagdlichen Plausch unweit des Bunkers an der Straße nach Schamhaupten. Drei Rehe kamen im gemütlichen Galopp aus der Ferne über den abgeernteten Acker auf uns zu: in der Reihenfolge Geiß, Gabler, ganz starker Bock. Unbekümmert und unmittelbar, und das am helllichten Tag! Letzterer war tatsächlich der kapitale Bunkerbock 1.0. Wie dem Recken der Lecker zum Äser heraushing, so standen uns die Mäuler weit offen – Kinnladen ausgerenkt, Zeigefinger verrenkt, und der Jagdverstand benebelt. Die Dreierbande sprang ohne Richtungs- und Tempoänderung keine zwanzig Meter neben uns in den Wald, als hätten wir da nie im Weg gestanden. Was für ein despektierliches Verhalten der Capreoli. Weg waren sie. Weg war er. Es war das letzte Mal, dass der Bunkerbock 1.0 in Anblick kam. Danach ward er nie mehr gesehen. In meiner Erinnerung aber blieb er stets präsent als der Unerreichbare, der Bunkerbock 1.0.

Heute Abend möchte ich den Bunkerbock 2.0 taxieren, eventuell mein Jagdglück ausloten. Kaum sitze ich, da wiederholt sich die Vorstellung vom Vorabend, wiederholt sich Maxis Beobachtung: die Rehe raus und rein, der Zukunftsbock, der mit den kurzen, starken Stangen, tritt unten am Raps aus. Allein, er empfiehlt sich sogleich. Er hat wohl Respekt vor dem Haus- und Feldherrn, dem Bunkerbock 2.0.

Erst geschieht weiter nichts, ich lausche den Vogelstimmen und versuche zu erraten, wer oder was da im welken Buchenlaub raschelt: Maus, Igel, Bilch oder Eichhorn? Zu sehen bekomme ich den oder die „Ruhestörer" nicht. Langsam schwindet das Licht, die ersten Fledermäuse schwirren und schwärmen im schnellen Flug um die Kanzel und erhaschen allerlei Insekten. Mir wird ganz schwindelig beim Zuschauen ihrer akrobatischen Flugkünste. Aber wo bleibt der Starke? Noch so gründliches Abglasen bringt ihn nicht in Anblick. Das Glockenspiel des Schafshiller Kirchturms schlägt zwei Stundenschläge, der Abend ist weit fortgeschritten, 21:30 Uhr ist durch. Die Farben der Flur bekommen einen ersten Graustich, das dunkeldüstere Tuch der Dämmerung legt sich auf Feld und Wald. Sorgenfalten stehen auf meiner Stirne, bald wird es duster sein. Zehn Minuten darauf tritt ein kapitaler Bock aus. Wie hingezaubert steht er im Sojabohnenfeld an der Ecke zwischen Raps und Wildacker. Er sichert anhaltend. Was für ein Recke! Selbst auf die gemessenen 175 Meter erkenne ich den Feldherrn, es ist der Bunkerbock 2.0. Ein reifer, alter, abnorm starker Platzbock ist er. Und sehr begehrenswert. Erinnerungen an seinen Ahnherrn, den Bunkerbock 1.0 werden wach – Déjà-vu! Wo stecktest du all die Jahre?

Mir pocht das Blut in den Schläfen, mein Herz schlägt bis in die Kehle, so laut, dass ich Sorge habe, er könnte es vernehmen, es könnte ihn vergrämen. Der Bockbüchsdrilling liegt auf der Brüstung. Doch dort bleibt er vorerst liegen; denn die nächsten zehn Minuten ziehen sich zäh hin, der Recke steht am Rand des Rapses und äst genüsslich. Glasig grün-schaumiger Saft tropft aus seinem Äser, wenn er aufwirft und sichert, mit den Lauschern nach lästigen Insekten schlägt und dabei unwillig sein schweres Haupt schüttelt. Aber ansonsten die Ruhe selbst, denkt er gar nicht daran, schnurstracks in meine Richtung zu ziehen. Warum sollte er auch? Er hat da unten alles, was er braucht. Und die saugstechenden, nervenden Blutschmarotzer gibt's hier oben genauso wie da unten. Im letzten Dämmerlicht will ich auf die weite Distanz nicht schießen, auch ist der Kugelfang fragwürdig – entweder zieht der Bock hoch zum Waldrand, zum Jäger, oder es sollte ein andermal sein! Doch nicht umsonst heißt es: stimmt alles und lächelt dir Diana, dann zögere nicht lang …

Die Jagdgöttin errät meine gierigen Gedanken, doch sie scheint dem Jäger hold und wohlgesonnen: denn mit einem Male setzt sich der Bock in Bewegung, zieht zügig in Richtung meines Versteckes. Aber Sapperlot! Sein anfängliches Bravado versiegt, wieder zieht er langsam, elendig langsam, aufreizend lässig zupft er hier vom Kraut und äst da vom saftig-fetten Löwenzahn. Er hat Zeit ohne Ende.

Nichts treibt ihn, nichts lockt ihn. Es ist eben noch keine Blattzeit. Diana! Du launische Diva! So wird das heute nichts mit begehrter Beute, das Licht schwindet rapide, der Feldherr ist standhaft und steht immer noch in der Gegend ohne Kugelfang. Wieder und wieder messe ich die Entfernung, mit zittriger Hand und zittriger Seele – unbarmherzig klopft der Jagdschüttler. Endlich steht der Bock vor der Waldzunge, endlich hat es Kugelfang vor gewachsenem Boden. Von „stehen“ kann dann aber keine Rede sein, denn plötzlich wird es dem Alten eilig, er zieht, schnell, immer schneller, zu schnell, kommt spitz geradewegs auf mich zu. Längst messe ich nicht mehr, schon sind es weniger als 70 Meter, permanent führe ich den Drilling nach, bin mit dem Absehen drauf. Aber er kommt spitz und ist bereits rechts vor meinem Lauersitz. Gleich wird er den Waldrand erreicht haben und darin verschwinden … auf Nimmerwiedersehen?! Bitte jetzt kein Déjà-vu! Ich muss ihn anhalten, zum Verhoffen bringen! Diana hilf! Als der Bock schwenkt und für einen kurzen Moment breit zieht, da schrecke ich ihn an, blöke mit aller Macht und Kraft. Ruckartig hält der Alte inne, hoch erhobenes Haupt, steiler Träger, blickt in meine Richtung. Er steht brettelbreit, mit angezogenem rechtem Vorderlauf, so wie ein Hühnerhund im Felde vorsteht und sichert. Indigniert ob der plötzlichen Störung wird er augenblicklich abspringen, zum dusteren, schützenden Wald entkommen. Im dem Moment bricht der Schuss, im Feuer und Knall fällt der Bock in seine letzte Fährte ins hohe Gras. Sein Lebenslicht ist aus, erloschen seine Flamme, im allerletzten erlöschenden Abendlicht. Einen abnormen, alt-reifen und kapitalen Sechserbock habe ich strecken dürfen. Danke dir, Diana! Waidmannsdank! Ich muss mich erst einmal sammeln, beruhigen und den Jagdschüttler loswerden …

Endlich verlasse ich den Sitz, schreite zum Bock. Die Nacht ist da, ohne Licht ist es schwierig, den Bock zu finden. Die Taschenleuchte hilft. Da liegt er ja, fast bin ich über ihn gestolpert. Auf 55 Meter warf ihn die Kugel ins Kraut, hinterm rechten Blatt traf sie sein Leben. Ich ziehe meinen Hut und breche die Brüche, schmücke ihn. Als letzten Akt der Ehre stecke ich den Schweiß benetzten Bruch an meinen grünen Hut. Etwa siebenjährig ist er, sieben lange Jahre ... Was er wohl alles erlebt haben mag? Wo mag er all die Jahre gesteckt haben? Jedenfalls entstammt er der altehrwürdigen Linie vom Bunker. Tom und Max rufe ich an und hinzu. Als sie kommen und den Bock sehen, werden ihre Augen groß und größer. Viele Waidmannsheil und Waidmannsdank gehen hin und her. Auch sie staunen über das Schwergewicht – ausgeweidet bringt der Recke knapp 44 Pfund auf die Waage. Zur Trophäenschau wird eine bayerische Bronzemedaille an der Krone des Bunkerbockes 2.0 hängen. Seitdem heißt er nur noch Bronzebock. Und die Kanzel ohne Dach heißt nun Bronzekanzel. Waidmannsdank dir, göttliche Diana! Und dir, lieber Jagdherr Robert! Und lieber Maxi, dir rufe ich einen besonderen Dank zu! Du weißt schon warum ...

Einen Monat später, zu Beginn der Blattzeit, logiere ich wieder im Bayerischen. Es gelüstet mich, nach der Wespenkanzel zu ziehen. Dies ist eine gute Adresse für Rehwild. Der Acker vor dem Sitz ist der höchstgelegene in Roberts Revier – von der Kanzel hat man einen weiten Blick in entfernte Ecken des kupierten Geländes. Aber warum in die Ferne schweifen, wenn das Gute liegt so nah? Der Acker ist auf dieser und der gegenüber liegenden Seite von Hainen und rechts von wilder Wiese begrenzt, nach links weitet er sich zum Feldweg, dahinter ein Anger und Hecken und dann der Wald von Schloss Hexenagger. Ein Rehwildparadies! Und die Sauen mögen das Terrain auch – Jägerherz, was willst du Gutes mehr?

Die Gerste ist bereits geschnitten. Zur vorsorglichen Inspektion von Kanzel und Leiter fahre ich auf die Stoppel. Da überfällt ein Gabler den Gerstenacker und verschwindet hinter mir im Dickicht. Diesen Bock muss ich mal in Ruhe begucken. Die Wespenkanzel ist hoffnungslos mit wildem Hagedorn, Ranken und Nesseln und der Pirschpfad komplett mit Schwarzdorn zugewuchert. Statt die Nase in den Wind zu stecken, gilt es erst einmal, die Ärmel hochzukrempeln und in die Hände zu spucken – Revierarbeit steht an. Jagdherr Robert hilft und schiebt mit dem Radlader die Kanzel und den Pfad frei, ich erledige den Rest. Der Wespenkanzel gebe ich ein neues Dach, ersetze ihr und der Kiefernleiter – sie steht in einer hohen Kiefer rechts gegenüber an der wilden Wiese – die morschen Teile durch neue. Und die Wespen, die Namen gebenden der Kanzel, überzeuge ich, dass ich ungern diesen Platz mit ihnen teile … Endlich sind Wespenkanzel, Kiefernleiter und die Pfade des Jägers wieder gebrauchsfertig – nicht nur für die Jagd auf den roten Bock. Aber für den bin ich hier!

Beim ersten Ansitz am Abend glänzt der Gabler durch Abwesenheit. Dafür kommt, völlig überraschend und unerwartet, ein unbekannter, reifer Sechser. Wo der wohl herkommt? Er tritt neben, fast unter der Kanzel aus. Doch flugs hat er Wind vom ansitzenden Jäger und dessen ruchlosem Begehr. Er springt ab in das rückwärts gelegene Unterholz. Das war's für diesen Abend, die Schau ist vorbei, bevor sie richtig begonnen hat. Der starke Bock spukt in meinen Gedanken, beflügelt Fantasie und Gier. Um bei der gerade vorherrschenden Windrichtung aus Ost und dem vermutlichen Einstand des Bockes diesen nicht zu verprellen, stelle ich noch am Abend einen Drehstuhl in die Hecke, östlich der Kanzel. Vorteilhaft verblendet das Ganze, soll es den Bock täuschen, den Jäger tarnen und das Ansinnen unterstützen … Doch ist der Wind am folgenden Morgen launisch. Und der alte, erfahrene Bock, der wird ganz andere Vorstellungen als ich haben. Nach vorsichtiger Pirsch über den Pfad, ohne Wild verprellt zu haben, hocke ich mich dennoch auf den Hocker und harre des Bockes. Der erscheint auch wie und wo erwartet, aber ständig dreht und küselt der Wind, meine Strategie bleibt blanke Theorie. Der Bock kommt in meine Düse und springt beleidigt ab – diesmal allerdings über die Gerstenstoppel in das Wäldchen nach gegenüber. Das erscheint mir bei all meiner Entrüstung und Enttäuschung gut wie günstig! Denn ich denke, dass er über den heißen Tag im Wäldchen Siesta halten und am kühleren Abend dort austreten wird. 80 bis 90 Meter sind es zur Waldkante. Und so will ich es am Abend erneut von der Wespenkanzel versuchen. Nur der Wind muss mir in die Karten spielen! Ich bestelle passenden Westwind. Bitte, Aeolos!

Der Gott des Windes hat ein Einsehen mit dem Jäger, denn am Nachmittag weht ein schwaches Lüftchen aus West. Noch ist es heiß, sehr heiß. Doch mache ich eilig auf zur Wespenkanzel, gehe sie gegen den Wind vom Feldweg über die Gerstenstoppel an, anstatt auf dem heimlichen Pirschpfad im kühlen Dickicht zu schleichen und dabei meinen Abwind großzügig zu verbreiten und alles zu vertreiben. Zwar ist es auf der Stoppel trotz aller Vorsicht recht laut anzugehen, es treibt mir mit jedem knackenden Halm einen weiteren Schweißtropfen auf die Stirne, und zu allem Verdruss bin ich weit und breit zu sehen. Aber endlich erklimme ich die Wespenkanzel, anscheinend unerkannt und unerhört. Das Wild ruht ungestört im kühleren Wald und Raps. Die hitzige Luft flimmert über dem leeren Feld. Nach einer Weile wird es mir in dem stickigen Kasten heiß. Und es wird mir schwül; denn links tritt der Gabler aus dem Raps heraus, zieht in die Gerstenstoppel, kreuzt meinen Pfad. Und kommt mittenmang in meine Düse! Ein Ruck geht durch seinen Körper, er hebt das Haupt, sichert kurz, dann retourniert der Gabler schnurstracks in das schützende Meer aus Raps. Ich komme wohl nicht mehr dazu, ihn mir näher anzuschauen. Aber meine Begierde verlangt ja auch nach einem anderen Bock, mein Sinnen und Trachten gilt dem reifen Sechser – das Bessere ist Feind des Guten. Jetzt kauere ich schon zwei Stunden in dem Glutofen und schwitze vor mich hin. Nur langsam wird es leidlich kühler. Es ist 20:45 Uhr. Das Schlagwerk der Schafshiller Kirche schlägt dreimal.

Da! Da ist der Sechser! Mit dem letzten Glockenschlag zieht er aus dem Hain, tritt auf die Stoppel aus – genau wie gedacht! Jawoll! Er steht am Ackerrain kurz vor der Waldecke, tut ganz unbekümmert, dreht zur Hecke, markiert, dass die Büsche sich biegen und die Fetzen fliegen. Er steht schräg spitz, zeigt seinen Spiegel. Dann tut er ruhig, als könne er niemandem ein Härchen krümmen und Wässerchen trüben, labt sich am Strauch. Längst habe ich den Drilling in der Schulter. Aber ich muss warten, dass der Bock wendet. Meine Nerven liegen blank und singen, sie sind gespannt wie Drahtsaiten, der Schweiß fließt mir in Strömen. Plötzlich schwenkt der Bock nach links, zeigt seine Flanke, macht ein, zwei Sprünge, zieht dann zügig entlang der Hecke – das Weibervolk hinter der Waldecke lockt ihn wohl. In Sekunden wird er am Eck außer Sicht sein! Ständig führe ich den Drilling nach, ziehe vor, korrigiere. Dann bölke ich laut. Wenig vornehm. Der Bock verhofft dennoch. Aber irgendwie geht es nicht, werde ich nicht fertig. Keine Ahnung warum. Ungerührt zieht der Recke wieder an, nur noch einige Meter zum Eck, wo er verschwinden wird. Ich schrecke ein zweites Mal, diesmal bereit zum Schuss. Erneut verhofft der Bock und sichert. Da trifft ihn die Kugel links hinterm Blatt. Er liegt im Feuer. Jagd vorbei. Waidmannsdank! Einen braven Sechser mit stark geperlten Stangen trage ich später heim, mindestens fünf oder sechs Jahre hat er auf dem Buckel und wiegt knappe 37 Pfund. Und kennen tat den keiner …

24. Juli 2019 – es ist der letzte Sommer vor Corona. Wieder bin ich mit meinen Söhnen zu Gast im Revier Schafshill. Am Abend setze ich mich auf die Glaskanzel, da sich dort im Feld einiges an Rehwild herumtreibt. Gestern Morgen verbrachten wir einen denkwürdigen ersten Ansitz. Ich hatte Tris zur Kanzel am Gogl gebracht, danach wollte ich auf die Glaskanzel. Gerade hatte ich das Auto an

der Wasserreserve abgestellt und marschierte los, da klingelte mein Handy: „Papa, ich komme nicht in die Kanzel, der Türhebel ist innen verkeilt!“ Nach mehreren Telefonaten, fruchtlosen Instruktionen wie ergebnislosen Versuchen holte ich Tris kurzerhand ab – auch mir war es in der Dunkelheit nicht gelungen, die Tür der Gogl-Kanzel zu öffnen – und setzte ihn statt meiner auf die Glaskanzel; denn der Morgen war weit fortgeschritten. Was nun? Ich bezog des kurzen Weges und der Dämmerung wegen die in Sichtweite stehende Wespenkanzel. Aber manchmal ist das geschehene Unglück aller Anfang vom Glück, oder um im Bild zu bleiben: Wo sich eine Türe nicht öffnen lässt, geht eine andere auf.

Plötzlich erspähte ich gegenüber am Waldwinkel einen Altfuchs, der zum Weg passte, diesen überquerte und in Richtung Glaskanzel schnürte. Kurze WhatsApp-Nachricht an Trissi. Aber das war gar nicht nötig, denn wie ich durch das Doppelglas sah, hatte er den Freibeuter längst entdeckt. Mit der Mauspiepe lockte er den roten Korsaren aus 250 Meter durch das Sojabohnenfeld an den Feldrain und erlegte ihn mit sauberer Locke und Kugel – Waidmannsheil! Das war aber erst die Ouvertüre zum Hauptakt! Denn an der Glaskanzel trieben vier oder mehr Böcke etwa fünf bis sechs weibliche Stücke. Und viele Hasen tobten wie zur Staffage darum herum. Und insbesondere einer der Böcke war begehrenswert, und reif …

Diesen Bock will ich nun näher „betrachten“, den Tristan gestern als zu stark für einen Jungjäger beschrieben hatte. Und der am heutigen Morgen den anderen Böcken mächtig Feuer gemacht hatte … Wohl bin ich nicht Tristans Meinung, aber es ehrt ihn. Ich sitze auf der Tribüne der Glaskanzel, auf der Sojabohnen-Bühne wird ganz großes Kino geboten: Nach und nach ziehen die Böcke auf und ins Feld – ein Knopfbock, zwei geringe Spießer und ein noch etwas zu junger, aber vielversprechender Sechser. Nur der starke Bock geizt mit seinem Auftritt. Ganz friedlich sucht ein jeder das Glück drinnen in den Sojabohnen, denn die holde Weiblichkeit treibt sich auch umher. Scheinbar unschuldig äsen die Damen von den Bohnen. Nur einer fehlt immer noch, der Starke, der Platzbock. Der, der alle Subalternen in die Walachei zu jagen pflegt, mindestens aber aus seinem wie der Damen Dunstkreis! Wo bleibt er nur? Nach einer Weile erschlafft meine Aufmerksamkeit, obwohl die Schau spannend ist, aber der Hauptakteur, der Hauptattrakteur, glänzt durch Abwesenheit.

Es ist schon spät am Abend, das Licht wird schwächer, die Vorstellung scheint dem Ende zuzugehen, da höre ich direkt unter der Kanzel ein Knistern. Es ist ein Reh! Raschelnd zieht es über die apere, trockenen Stellen des Ackers. Ich brauche einen Moment im trügerischen Zwielicht der Dämmerung, um zu erkennen, dass es der Platzbock ist, der da zieht – ein alter, zurückgesetzter Grand Seigneur, ein alt-reifer Geselle. Es ist der, der den anderen Feuer macht. Heute Abend ist alles anders: Als er am Sojabohnenfeldrain anlangt, beachtet wie beobachtet er die anderen Rehe gar nicht, nein, er äst gierig von den Bohnen. Liebeswerben und Liebesleben macht hungrig, nur Luft und Liebe allein ist nix zum Leben. Das Licht schwindet, der Bock steht spitz auf 65 Meter, gleich werde ich kein Haar mehr von dem anderen unterscheiden können. „Bööh, bööh", schreie ich ihn an, der Grand Seigneur wirft auf und dreht nach rechts, da ist die Kugel schon heraus. Den Schuss vernimmt der alte Haudegen nicht mehr – aufs Blatt hat's ihn getroffen, und er bricht in seiner letzten Fährte zusammen. Jetzt schüttelt es mich, dass die Kanzel wackelt! Waidmannsdank Hubertus und Robert! Und Dir, lieber Trissi, rufe ich einen besonderen Waidmannsdank zu! Auch du weißt schon warum …

Drei Tage später am Samstagabend: Wir drei sind früh auf Jagd, um Beute zu machen. Wegen der günstigen Windrichtung habe ich auf der Kiefernleiter Platz genommen und will schauen, was sich im

Wäldchen gegenüber der Wespenkanzel versteckt hält. Nach einer Weile erklingen die zartesten Versuchungen, ein Kitz fiept nach der Mama! Und tatsächlich, nach wenigen Tönen blatte ich eine Geiß nebst Bock heraus. Aus dem Kiefernwäldchen, auf dem Wechsel erscheint das Paar wie am Schnürchen herangezogen – die Geiß hat den Bock im Schlepptau. Für einen Schleppzug sind die beiden sehr schnell, kommen viel zu geschwind auf mich zu, überqueren eiligst die helle Fläche und entschwinden in die rückwärts gelegene dunkle Dickung. Donnerwetter! Das ist ein reifer, ein alt-reifer, zurückgesetzter Bock! Was sich hier alles so auf engem Raum tummelt … Ob der Kitzfiep nochmal verfängt? Ich blatte die zarte Arie vom Kitz. Und tatsächlich, die Rehe erscheinen wieder, diesmal rechts von der Leiter, aber springen ebenso geschwind in das Wäldchen zurück, wo sie ehedem herauskamen. Die Geiß traut den Blattarien wohl nicht. Gerade überlege ich, wie und was ich weiter machen will, da brummt mein Handy. Robert „beordert" uns nach Hause zu Renates Brotzeit – es ist ein Missverständnis gewesen, wir wussten nicht, dass wir zum Abendessen kommen sollten, Robert und Renate wussten nicht, dass wir schon auf Jagd gezogen sind. Ich baume ab, sammle meine Jägersöhne ein, und dann dinieren wir erst einmal fürstlich in fröhlicher Runde bei Robert und Renate daheim.

Anschließend geht es wieder auf den unterbrochenen Ansitz. Ich entscheide mich nun für die Wespenkanzel, da es zu regnen droht, und der Himmel tut es dann auch – es regnet Bindfäden. Besser ist es, ein Dach über dem Kopf zu haben, wenn einem der Himmel auf den Kopf zu fallen droht. Obwohl ich meist eine Leiter einer geschlossenen Kanzel vorziehe. Auch die Wespenkanzel steht nahe genug am Versteck des Rehpaares im Kiefernwäldchen. Es müsste doch auch von hier gelingen, Ricke und Bock erfolgreich herauszulocken. Es schnürregnet. Nach einer Weile zieht ein anmutiges Schmalreh auf die Rapsstoppel. Wäre ich ein Rehbock, mir würde es gefallen. Aber der alte Herr hat sein Herz an eine andere Dame vergeben, obwohl … Inzwischen ist es 21:15 Uhr, als Roberts Vater im Auto eine späte Promenade über den Feldweg dreht und unbeabsichtigt das junge Ding vertreibt. Doch durch die Störaktion wird mir ein Jungfuchs zugetrieben, den ich im Rapsstoppelacker gar nicht bemerkt habe. Er flüchtet bis zur Kanzel, verhofft links unterhalb und blickt dem Auto nach. Ich muss mich hinstellen, um ihn noch sehen zu können – der Schrotschuss, steil nach unten verrenkt, gelingt. Keine befriedigende Jagd, aber im Sinne der Niederwildhege ein Muss.

Fünf Minuten darauf erbarmt sich der Himmelspförtner Petrus, der Regen hört auf. In dem Moment erscheinen Geiß und Platzbock am Stoppelackerrain nahe der Kiefernleiter. So was! Sie äsen. Für einen Schuss ist es weit, aber das wirkliche Problem ist der fehlende Kugelfang. Das Licht wird matt und matter, Dunst steigt auf. Ich muss etwas unternehmen. Konzertante Stimmung sollte helfen. Verschiedene Blattarien locken die Geiß mit dem Bock im Gefolge heran. Déjà-vu! In Schlängellinie ziehen die Rehe näher. Aber es ist ein Kampf gegen die Zeit und um das verlöschende Licht. Ich muss alle meine Flötenkünste zusammenbringen, um den Zuzug der Rehe zu garantieren. Während zunächst die Geiß die Führung übernimmt, ist es am Ende der Bock, der den Flötengesängen nicht widerstehen kann. Die misstrauische Missis hält sich indessen zurück, der Bock nähert sich alleine. Sollte er am Ende doch Interesse an dem vermeintlichen Schmalreh haben? Jetzt ist er auf halbolympische Sprintdistanz herangezogen, das Licht ist gleich weg, der Bock verhofft, steht breit, hält Ausschau nach der Schmalen. Der Schuss kracht. Der alte Kämpe liegt im Feuer. Es ist 21:30 Uhr. Waidmannsdank! Es ist der letzte Sommer vor Corona …

Im Backcountry

Der Snook

Fischen ist nach Jagen meine zweitliebste Leidenschaft. Hätte ich unter Anglerparadiesen zu wählen, Florida stünde ganz oben auf meiner Liste. Und innerhalb Floridas die Everglades. Am weitesten oben fänden sich das Backcountry und die Mangrovenwälder entlang des Golfes von Mexiko, gefolgt von den Flats und Keys der Florida Bay und den Bojen und Riffen in der Offshore Zone.

Die heimlichen Wasserläufe, die gewundenen Creeks, die Ponds und Lakes tief im Inneren des Backcountry – wie auch immer, eines ist ganz gewiss: Mein Lieblingsfisch ist der Snook!

Centropomus undecimalis: der Gemeine oder Gewöhnliche Snook. Mit 13 Arten ein barschähnlicher, langgestreckter Raubfisch, der dem europäischen Zander in Form, Aussehen und Verhalten ähnelt. Centropomus ssp. kommen in den küstennahen Salz- und Brackwasserzonen des tropischen und subtropischen Westatlantiks und Ostpazifiks Amerikas vor. Einige Arten tolerieren auch Süßwasser und tummeln sich dann in Flussläufen. Ein hervorragender Sport- und Speisefisch. So könnte eine Kurzbeschreibung dieses edlen Raubfisches lauten.

Charakteristisch für den Snook ist ein lautes „Plopp", ein scharfer Laut, der entsteht, wenn er im Flachwasser der Mangrovengürtel jagt. Insbesondere dort. Nach Captain Ned, unserem Guide, entsteht der ploppende Knall, wenn der raubende Snook mit einem Schlag seiner Schwanzflosse kleine Futterfische betäubt. Meines Erachtens aber ertönt der Knall, wenn der wendige Fisch bei blitzschneller Jagd mit einem Körperteil, wahrscheinlich mit der kräftigen Schwanzflosse, die Wasseroberfläche durchbricht. Es klingt so, als schleudere man einen großen Kiesel mit Schwung, mit Schmackes, ins Wasser. Markant ist es allemal, und häufig verrät erst das laute „Plopp" den Standort des aktiv jagenden Räubers.

Viele verschiedene Partien auf den Snook sind mir erinnerlich. Da ist das „Pfeffern der Küste", bei dem der Angler vom Boot aus mit leichter Spinnrute seinen Köder – ein leichter Federjig mit Shrimp garniert oder auch ohne, ein kleiner Köderfisch, ein Blinker, ein Wobbler oder ein Gummifisch – immer wieder entlang der Küstenlinie unter die Mangroven oder an andere vielversprechende Strukturen am Uferrand platziert: auswerfen, einholen, auswerfen, einholen, auswerfen, einholen. Stundenlang. Gekonnte Wurftechnik und präzises Platzieren des Köders sind gefragt! Oder man tuckert entlang des Uferverlaufs und schleppt Köder. Das ist selten einwandfrei möglich ob der vielen Hindernisse unter Wasser – häufige Hänger sind die Folge. Zudem kommt man meist nicht nahe genug an den Standort des Räubers, um diesen erfolgreich aus der Reserve zu locken, heran. Und außerdem ist das Trawlen, das Schleppangeln, eher langweilig. Ja, bis dann ein Fisch beißt. Dann aber geht die Post ab! Bis zum Ruf „fish on" drängen sich Vergleiche von statischer Ansitzjagd auf … Oder das gezielte Aufsuchen von Flachstellen und Lunkern und das wohldosierte Auswerfen des Köders. Überhaupt heißt die Königsdisziplin: fischen auf Sicht. Da steht der Snook im seichten, klaren Wasser am Kraut, unter gestürzten Bäumen, in den Wurzeln der Mangroven oder an anderen Barrieren und muss nun gezielt angeworfen werden, sonst bleibt er unerreichbar. Hakt man ihn erfolgreich, dann fängt das Problem erst an – der Fisch wird alles daransetzen, ins schützende Kraut, Ast- und Wurzelgewirr oder anders zu entkommen. Er geht ab wie „Schmidts Katze", die Bremse jault, die Rute biegt sich, die Leine surrt, die Rolle quietscht, und es ist am Fischer, den Fisch von den Unterwasserhindernissen mit geschickter Rutenführung und gekonntem Drill fernzuhalten. Denn sonst ist es um Leine, Köder und Beute geschehen. Leichter geschrieben als getan! Es ist ein Kampf der Giganten, sollte ein ordentlicher Gladiator gehakt sein. An den vielversprechendsten Stellen bezeugen unzählige Knäuel abgerissener Schnüre verschiedenster Art und Herkunft die vergeblichen Bemühungen anderer Angler. Dort wird der Snook besonders groß und kräftig! Und schlau! Aber ist der Snook erfolgreich gehakt, hält der scharfe Haken und biegt auch nicht auf, wie bei minderwertigem Material und Metall, reißt die geflochtene Schnur nicht, denn wir fischen ja mit „light tackle", also mit leichter Ausrüstung, die dem Fisch eine gewisse Chance lässt, zusätzlich zu den natürlichen Widrigkeiten, die dem Angler zu schaffen machen, und haben wir den Fisch dann im freien Wasser, da zeigt der Snook, warum er ein „gamefish", ein Sportfisch ersten Ranges ist. Er steigt und springt, zickzackt, versucht, den Haken abzuschütteln, schlägt Haken, gleich einem Hasen vor dem Hunde, gleich einem Springbock vor dem Geparden, dabei reißt und zerrt er mit seinem harten, sandpapierrauen Schlund, der keine Zähne hat, mit wilden Schlägen, Sprüngen und Wendungen derart am monofilen, festen Vorfach, dass dieses oftmals nur durch Reiberei im Kampf der Flucht vollkommen aufgerieben wird, der Fisch letztendlich noch entkommt. Oder man neigt dazu, die Bremse etwas fester zu stellen, um die ablaufende, leichte Leine zu bremsen, denn der kräftige Fisch rast im Freiwasser schnurstracks in Richtung Rettung, in Richtung eines kleinen Mangrovenkanals und droht, dort zu entkommen. Böse Falle! Es wird einen lauten Knall geben – diesmal nicht vom Snook –, und die Leine ist gerissen, der Fisch futsch, die Laune auch, der Köder verloren! Einer kam durch, und deshalb kommen wir ja immer wieder – des einen Starken wegen, der entkam. Nein, es gilt, den Fisch die Rute arbeiten zu lassen, gegen den Widerstand der Rute, und ihn zu ermüden, nicht grün heranzudrillen, nicht stumpf die Bremse anzuziehen, denn wir jagen ja mit leichter, fischwaidgerechter Ausrüstung! Finesse fishing!

Es war eine ganz und gar perfide Angelegenheit, ausgeführt mit lässiger Eleganz, Leichtigkeit und Naivität, dabei eine überlegene Disposition präsentierend, die nicht zu schlagen war. Die totale Niederlage in Perfektion. Für die eine Person. Nicht für die andere. Dort nur Ruhm und Ehre. Und das kam so: Captain Ned hatte meine Frau Cornelia und mich, damals waren wir noch ohne gemeinsame Kinder, von Flamingo entlang der Florida Bay und dem Clubhouse Beach in den East Cape Canal gefahren, genau dorthin, wo der East Cape Canal nach Nordwesten zum Lake Ingraham abbiegt. Wir waren im Außenbereich des Backcountry. Geradeaus führte ein schmaler Stichkanal, der vom großen Kanal mit einem Damm abgesperrt und dahinter nur mit einem Kanu zu erkunden war, tiefer in den Irrgarten des Backcountry. An diesem Damm lagen wir, Ned's Flatboat daran vertäut. Ich stand, voll motiviert und konzentriert, auf der Absperrung, warf meinen Köder mit präzisem Schwung in den kleinen Kanal aus, denn der wimmelte von Fisch, da selten besucht und befischt. Lediglich eine kleine Mangrove am rechtsseitigen Ufer, die ohne Kanu nicht zu erreichen war, zeugte von vielen erfolglosen Versuchen der Vorfischer, die vom Damm aus den Schlaraffenkanal befischen und ihre Köder unter die Mangrove hatten platzieren wollen – der Busch war behängt mit Kunstködern wie ein Christbaum mit Lametta. Auf einem späteren Ausflug hatten wir ein Kanu dabei, und ich habe für den Gegenwert eines nennenswerten Dollarbetrages allerlei Köder aus der Mangrove gepflückt … Derweil hatte Cornelia es sich bequem gemacht. Sie saß ganz entspannt auf der gepolsterten Bank des vertäuten Bootes und ließ ihren Jig im East Cape Canal ohne weitere Aktion treiben – eine Technik, die Ned und mir bis dato unbekannt war; denn beim Fischen mit dem Jig muss man dem Köder Leben einhauchen: twitsch, twitsch nach links, einholen, twitsch, twitsch nach rechts, einholen. Weder Cornelia noch ich hatten bisher einen Snook gehakt, doch der legendäre Ruf eilte ihm voraus. Besonders ich war auf diesen Fisch heiß.

Wie gesagt, in der heißen Sonne schwitzend, nahm ich alle meine Fähigkeiten und Fertigkeiten in Sachen Fischfang zusammen, um den Snook zu fischen, zu jagen, zu erjagen. Wurf auf Wurf setzte ich perfekt und brillant unter den besagten Busch, kein einziger Köder ging verloren, andere vielversprechende Uferbereiche befischte ich ebenfalls, jeden Kringel im Wasser warf ich an. Nichts! Kein Biss! In der Zwischenzeit saß Cornelia etwas dösig, aber von einem kühlen Drink gestärkt, entspannt auf ihrer Bank, ließ Leine und Köder schlaff im großen Kanal und ihre Gedanken irgendwo andernorts baumeln. Plötzlich spannte sich Cornelias Angelschnur leicht, nicht gerade stark, und machte einen Bogen. Dann ein feiner Ruck, ein sanfter Zupfer, schüchtern, doch spürbar. „Oh, ich glaub', ich habe einen Fisch“, hörte ich meine Frau murmeln, ich, der ich engagiert das Wasser des fischwimmelnden kleinen Kanals arbeitete. Kaum beachtete ich ihre Wortmeldung. Was konnte es schon Großartiges sein, das da zaghaft an ihrem Köder lutschte? Jetzt meldete sich Captain Ned zu Wort: „Conny, setz den Haken!" Cornelia setzte den

Haken. Keine große Gegenwehr, aber die Leine war nun straffer. Die Rute bog sich etwas. Spannung kam auf und in die Sache. Jetzt beobachtete ich Cornelia, allerdings nur nebenbei aus dem Augenwinkel, denn ich war immer noch mit meiner eigenen Rutenführung beschäftigt. Cornelia kurbelte den Fisch heran, sie musste nicht drillen und Sprünge und Wendungen federn, nein, die Rute bog sich zwar, aber es war eher das Geschäft eines kleinen, unbedeutenden Fanges. Ich warf wieder aus. Cornelias Fisch war wohl schon dicht am Boot, von dem aus sie die Angel bediente. Salopp im Sitzen. Plötzlich hörte ich Ned sagen: „Conny, ich glaube, du hast einen Snook!" Mir fielen Gesichtszüge und Rute herunter. Elektrisiert drehte ich mich um, sah, wie Cornelia einen silbrigen, gestreckt-langen Fisch mit großem, spitz-rundem Maul und markantem Kopf, gelben Flossen und einer schwarz-fetten Seitenlinie herankurbelte. Einem Zander nicht ganz unähnlich. Ned: „Es ist ein Snook!" Der Fisch war jetzt am Boot und Captain Ned griff den Fisch am Maul und Schwanzstiel und hievte ihn an Bord. Es war ein Snook! Der erste Snook. Und ein Snook größer als das erlaubte Mindestmaß. Er war zwar nicht rekordverdächtig, hatte einen eingefallenen Hungerbauch, hatte sich auch ganz untypisch verhalten, aber es war ein Snook. Gefangen von meiner Frau! Wie gemein war das denn?!? Aber Ehre, wem Ehre gebührt! Cornelia fing sowieso mehr Fischarten und meistens die größeren Fische. Außer, wenn es auf wirklich präzises Auswerfen und gezieltes Werfen ankam – aber das würde hier zu weit führen, und außerdem wäre es billiges Nachkarten.

Tatsächlich konnte ich, nachdem ich schon nicht den ersten Snook gelandet hatte, den größten Snook der persönlichen Fangliste fischen. Allerdings brauchte es bis dahin noch einige Zeit. Wir waren einmal mehr durch den East Cape Canal und den Lake Ingraham gebraust, verließen diesen durch den Middle Cape Canal in den Golf von Mexiko und brausten weiter nordwärts zum Little Shark River. Immerhin ein Trip von 20 Seemeilen von unserer Basis Flamingo. Der Little Shark River ist Teil der Entwässerung der großen Whitewater Bay, das eigentliche Herzstück des Backcountry, in den Golf von Mexiko und damit ein wesentlicher Teil der Entwässerung der Everglades zum Golf. Das Flusssystem auf Meereshöhe kann erhebliche Tidenströme entwickeln und bietet dadurch eine nährstoffreiche Versorgung und reichhaltige Nahrungsgrundlage für alle Fisch- und aquatischen Tierarten. Wir angelten am nördlichen Ufer bei auflaufendem Wasser und beobachteten ein ziemlich großes, ziemlich beeindruckendes Salzwasser- oder Spitzkrokodil, das sich mit erhobenem Kopf und Maul ohne jegliche Anstrengung von der starken Strömung treiben ließ. Erst kurz zuvor hatte Cornelia nach langem Kampf einen prächtigen Tarpon landen können, der nun, behutsam von Ned zurückgesetzt, wieder in den Fluten kreiste. Von diesem mächtigen Sportfisch nimmt man sich eine große Seitenschuppe als Souvenir und setzt ihn wohlbehalten wieder aus, der Fisch ist nicht genießbar. Obacht gilt den Haien, den Hammerhaien, Bullenhaien und anderen, die gerne große, gehakte Tarpons, angelockt von deren intensivem Kampf an der Angel, opportunistisch erbeuten wollen, wenn der erschöpfte Tarpon schon kurz vor dem Ablösen vom Haken steht, und den wehrlosen Fisch dann in Stücke beißen. Ein No-No.

Es war jetzt Hochwasser. Stillstand. Es herrschte Stille, kein Fisch biss mehr. Es war totenstill. Bis zur Ebbe. Als die Ebbe einsetzte, rann ein gewaltiger Ebbstrom zwischen den Mangrovenufern des Little Shark River hinaus in den Golf von Mexiko. Jetzt waren überall Fische unterwegs, Jungfische suchten Schutz im Schwarm und im Neerstrom des Ufers vor den großen Räubern und der gewaltigen, fortreißenden Strömung. Ned besprach gerade unser weiteres Vorgehen, wie und wo wir das Angelglück suchen wollten, als vom jenseitigen Ufer ein scharfes „Plopp“ erklang. Und wieder „Plopp“. Und nochmal machte es „Plopp“. „Plopp“, „Plopp“. Am südlichen Ufer jagte ein fressgieriger Snook! Wir brauchten nicht weiter Pläne zu schmieden, der Kurs war abgesteckt. Captain Ned lichtete den Anker und lenkte sein Boot durch den reißenden Ebbstrom hinüber zum anderen Ufer. Dort war die Strömung dermaßen stark und das Wasser so tief, dass wir weder an der Staakstange, die dazu in den Grund gebohrt werden musste, festmachen konnten noch am Anker Halt fanden. Der Tidenstrom war zu mächtig. Direkt am Ufer, in einem Strudel, machte es anhaltend „Plopp" – der große Snook hatte offensichtlich guten Appetit und jagte gierig, was ihm vor das gefräßige Maul kam. Es roch nach Fisch, nach Fischjagd, nach „feeding frenzy". Teamwork war gefragt. Mit dem starken Außenborder hielt ich das Boot gegen den Strom auf der Stelle, während Captain Ned den Elektromotor am Bug klar machte, ausklappte, anschaltete und damit die Steuerung des Bootes wieder übernahm. Währenddessen jagte der Snook unmittelbar neben uns: „Plopp", „Plopp". Es war zum Verrücktwerden, die Spannung lag greifbar in der Luft, das Wasser rauschte und gurgelte am Boot vorbei, die Fische jagten wie besessen, ich war verrückt, alle waren verrückt, alles war verrückt. Endlich konnte ich den Außenborder abstellen und meine Angel greifen. Schnell montierte ich einen sinkenden, knallroten, lippenlosen Wobbler, der mit Drillingshaken vorn und hinten am Bauch bestückt war. Ned kämpfte mit der Strömung, hatte das Boot aber perfekt unter Kontrolle und hielt es am Platz. Der E-Motor schaffte es gerade so gegen die wirbelnden Wassermassen. Ich kämpfte auch mit der Strömung, musste den Kunstköder genau in das Zentrum des Wasserwirbels platzieren, dort, wo der Fisch jagte. Der Fisch war zu hören, aber nicht zu sehen, denn durch die starke Gezeitenströmung war das Flusswasser aufgewirbelt und schlammig grau-trübe. Ich musste nicht weit werfen, doch der Köder musste äußerst präzise und platziert angeboten werden, denn die wirbelnde Strömung trieb ihn schnell fort, oder die Drillingshaken verfingen sich im Mangrovengestrüpp, was das vorzeitige Ende des Fischfanges bedeutet hätte. Das ständige Knallen, das aufreizende „Plopp“ des jagenden Snook machte mich kirre, aber ich musste mich konzentrieren. „Feeding frenzy“ konnte jeden Moment vorbei sein. Ned drängte ruhig, aber bestimmt, zur Eile und gab Instruktionen. Er war genauso nervös wie ich, aber ich wusste Bescheid.

Der E-Motor brummte, das Wasser schäumte und gurgelte, Cornelia fotografierte, und ich warf den Köder mit dem ersten Wurf mitten hinein in den Strudel. Sofort war die Leine stramm, aber es war nur die schnelle Strömung, die den Wobbler erfasst hatte und entlang des Ufers trieb. Schnell holte ich ein und warf ein zweites Mal, wieder ins Zentrum des Wirbels. Die satte Strömung trieb den Wobbler fort. Ich warf ein drittes Mal aus. Der knallrote Köder war noch nicht ganz in den Fluten versunken, da knallte es, die Leine war augenblicklich stramm und es tat einen Schlag in die Rute. Ich hieb an, die Rute bog sich gewaltig, und als Nächstes surrte die Rolle im allerhöchsten Diskant – Musik in den Ohren eines jeden passionierten Anglers. Hei, wie ging der Fisch in wilder Flucht ab, ab in den Strom und die Strömung. Petrus sei Dank, in das tiefe Wasser des Little Shark River. Aber er zog gewaltig schnell Leine ab, nur wagte ich nicht, die Bremse stärker zu adjustieren, also ließ ich die Rute arbeiten. Ned hatte Sorge, dass die Angel oder Leine brechen könnte, aber er rief mir zu, die Leine immer auf Spannung zu halten, besonders wenn der Bursche springen sollte. Und das tat er! Der Snook war ein Himmelsstürmer, im hohen Sprung zeigte er seine wahre Größe, schüttelte sich, um den Haken loszuwerden, steilte dabei mit wilden Zuckungen auf. Doch ich hielt die Leine stramm, die Schnur hielt, aber immer noch surrte die Rolle: Der Fisch holte sich Schnur wie er wollte, und ich durfte ihm keine Schwäche zeigen, das wäre das Ende gewesen. Jetzt machte er eine Linkswendung, und er war schon weit draußen im Strom, da wollte der Snook zurück zum schützenden

Ufer, wo die tausendfachen Wurzeln der Mangroven meiner Leine den Garaus gemacht hätten. Ich versuchte, den flüchtenden Fisch von seiner eingeschlagenen Richtung abzubringen, was auch leidlich gelang, und holte etwas Schnur ein. Aber kaum war die Kehre geschafft und der Fisch nach rechts gelenkt, die Leine straff, da raste er los, diesmal wieder in die Tiefe des Stroms. Die Rolle surrte, und ich blickte auf meine Spule, aber es war noch genügend Schnur auf der Spule, und die Rolle surrte noch stärker. Plötzlich war Ruhe, die Schnurspannung erschlaffte, ich kurbelte wie verrückt und dachte, das wäre das Ende, der Fisch verloren, und ich kurbelte, aber der Fisch war noch am Haken, er hatte eine Wendung gemacht und kam nun gegen die Strömung geschwommen. Ich drillte und pumpte, da jumpte der Snook erneut in den Himmel, dann klatschte er ins Wasser, aber ich gewann Leine, Meter für Meter, und die Angel bog sich wie ein Katzbuckel. Ich nutzte alle Aktion, die die Angelrute zu bieten hatte. Und schwitzte.

Es war ein mächtiger Snook, der da kämpfte, und ich musste alle meine Kniffe anwenden, um seine Finten zu beherrschen, nur das Material durfte keine Schwäche haben und mir einen Streich spielen, und ich musste den Lümmel vorsichtig herandrillen, denn viel mehr Eskapaden und länger würde mein starkes Vorfach dem Wüterich nicht standhalten können. Dazu war er anfangs zu heftig zur Sache gegangen, wenn er zickzackte, wie es ihm beliebte. Hoffentlich hielten die Knoten. Die Fluchten des Snook wurden allmählich kürzer, aber immer noch zog er Leine von der Rolle, die ich gerade erst gewonnen hatte. Mir lief der Schweiß von der Stirn, ich pumpte die Angel, und die Angel bog sich unter der Last und Kraft des schweren Fisches, aber ich holte ein. Umdrehung für Umdrehung gewann ich Schnur, aber als der Fisch das Boot in Sicht hatte, da machte er wieder einen Lauf, und die Rolle surrte abermals. Doch seine Kraft war nun gebrochen, jetzt beherrschte ich ihn, jetzt konnte ich die Handlung

bestimmen, seine Manöver parieren. Zügig, dennoch behutsam, holte ich ein. Der Fisch schwamm jetzt nahe am Boot, er war nicht mehr „grün", er hatte nicht mehr die Kraft, auszukommen. Captain Ned dirigierte das Boot in den Strom, griff dann den Kescher, und ich führte den Fisch unter Spannung der Leine vorsichtig in das Netz. Ned hievte den Fisch an Bord. Es war der größte Snook, den wir zusammen je gelandet hatten: 34 Zoll.

Strategische Jagd auf Elstern

Pica Pica

Im Frühling und Sommer hatte ich mit geballten Fäusten zuschauen müssen, wie die schwarz-weißen Gesellen Hecken und Sträucher nach Nestern, Eiern und Nestlingen absuchten. Systematisch, planmäßig und mindestens paarweise räuberten die Elstern. Ihre hohe Intelligenz nötigte mir wohl einigen Respekt ab. Nur, das Vogelklagen und anschließende Verstummen der anderen Singvögel war schauderhaft. Ich sann auf Abhilfe.

Freilich musste ich meinen Feldzug bis August verschieben – das Gesetz und der Elterntierschutz wollten es so. Frank und frei konnten nur die Rabenvögel agieren … Aber so hatte ich genügend Zeit für Planung und Aufklärung. Denn ich würde einem „Gegner" napoleonischen Geistes gegenüberstehen; einem, der schnell lernte und strategisch-schlau vorging. Und nach „Austerlitz" stand mir nicht der Sinn. Eher nach „Leipzig" oder besser noch nach „Waterloo" – bezogen auf die Elstern, versteht sich! Elstern-Bashing eben.

Vorerst galt es, bevorzugte Flugrouten und Tummelplätze der Schwarz-Weißen auszukundschaften. Bald waren prominente Schlafbäume und Sträucher lokalisiert, in denen die Alt-Elstern je zu zweit, die Jung-Elstern truppweise einfielen. Eine Bejagung im freien Feld erschien mir wenig aussichtsreich. Fehlten noch die bevorzugten Haine und Strauchinseln in der Feldflur, wo die Rabenvögel ihrem räuberischen Tun nachgingen; denn Garten und Nachbars Gärten waren tabu – auch wenn viele Singvogelliebhaber mich zum Streckemachen in ihre Lustgärten einluden. Nein, es musste, es konnte leider nur in der freien Feldflur geschehen.

Nachdem ich die aussichtsreichsten „Tatorte“ identifiziert, einen „Schlachtplan“ ausgearbeitet und „Stellungen“ vorbereitet hatte, ging ich an die Inspektion der Ausrüstung. Zuvorderst der Waffenappell: Für den „Nahkampf“ am Schlafbaum oder mittenmang der Hecke wählte ich die Zwanziger Piotti, für den „Fernkampf“ das KK. Wesentlich auch die Kleidung: Sonst gar kein Freund von Flecktarn und Camouflage, war in diesem Fall die militärisch-martialisch anmutende Garderobe nebst Gesichtsschleier, Handschuhen und Tarnkappe conditio sine qua non. Unerlässlich auch die halbvolle Streichholzschachtel als „Tschacker-Tschacker-Locker“ und der olle, in diesem Fall wirklich ausgestopfte, nicht präparierte Fuchs mit Elster im Fang. Mein eigenes Standpräparat, von Meister Klaus Zwonarz aus Hamburg meisterlich gefertigt, war mir zu schade – der ausgestopfte, grotesk wie ein aufgeplatztes Kissen aussehende Reineke eines lieblosen Nachlasses sollte gut genug sein und sein Lockwerk wohl tun.

August: Vor der Abenddämmerung schleiche ich zu einem von den Elstern gern angeflogenen Schlafbaum. Die Trauerbirke steht inmitten eines Schwarzdorngebüsches und ihr Wipfel entspricht meiner Piottis sicherer Schrotschussentfernung. Der Schwarzdorn gibt gute Deckung, ich schiebe mich in mein getarntes Versteck ein.

Ein prüfender Blick zu den Schussschneisen, die ich zuvor im Astwerk eingerichtet habe – alles gut, es passt! Ich lehne mich gegen meinen „Barhocker", ein in den Boden gegrabenes, simples Gestell zum Anlehnen. Sitzen und Aufstehen ist nicht, unnötige Bewegungen sind tabu. Stehen ist befohlen! Die Sonne sinkt, der Himmel verfärbt sich glutrot, dann rosa, allmählich werden die Farben grau und grauer. Aus dem Augenwinkel sehe ich, wie eine erste Elster mit wippendem Flug die gegenüberliegende Weidenbuschgruppe in der Wiese ansteuert. Und eine zweite tanzt hinterher. Das Blatt- und Zweigwerk verschluckt beide, es ist schon recht duster. „Verdamm mich, sollten die mich spitz haben, oder schlafen die Gesellen heute dort? Zuzutrauen wär's ihnen." Für einen Schrotschuss ist es viel zu weit. Vorsichtig taste ich nach der Streichholzschachtel. „Tschacker-Tschacker, Tschacker-Tschacker, Tschacker-Tschack" tönt die raschelnde Melodie. „Wie laut das ist", denke ich just, als schon ein schwarzer Schatten herangeflogen kommt und über mir landet. „Donnerwetter, ging das schnell, oder ist es Zufall?" Vorsichtig schaue ich nach oben, die Elster sitzt auf einem Ast und wippt mit ihrem langen Stoß. Jetzt hüpft sie etwas höher und weiter ins Astwerk. Ganz deutlich sehe ich sie gegen den Abendhimmel als schwarz-weißen Schattenriss. „Soll ich schießen, oder soll ich auf die Zweite warten?" Ich habe noch nicht ganz ausgedacht, da meldet die Elster über mir, hupft dabei etwas weiter. Und schon landet die zweite Elster. Beide sitzen im Geäst, aber sie sind zu weit auseinander für einen Schuss. Wieder bin ich im Zweifel, was die taktisch beste Vorgehensweise ist: „Eine erlegen, oder abwarten, bis sie nahe genug aneinander sind?" Lieber eine Elster haben als zwei zu vermasseln … Aber Artemis lächelt artig, sie nimmt mir die Entscheidung ab. Das Paar hopst im Gezweig nach oben, dabei nähert sich die zuletzt Gekommene der ersten. Jetzt halten sie stille, sind gut gegen den helleren Himmel zu sehen. Nun muss es schnell gehen, bevor sie weiterhupfen oder Verrat und

Niedertracht erkennen und abrauschen! Die Piotti macht einmal „Paff", zwei Elstern plumpsen aufs Parkett! „Waidmannsheil, das geht ja gut an, zwei in eins", denke ich und klaube voller Freude meine Beute auf. Doch danach geht an diesem Abend nichts mehr – alles Tschackern mit den Streichhölzern nutzt nichts, die Bühne bleibt vogelfrei. „Vielleicht sollte ich mal die Streichholzmarke ändern?" Wohl vernehme ich in meinem Rücken das Tschackern mehrerer Schwarz-Weißer, aber sie wollen nicht an die Front; denn da ist es bekanntlich wie im Kino – vorne flimmert's und hinten sind die besten Plätze. So schlau sind sie. Aber nun ist es eh zu dunkel, da fliegt keine mehr – ich mache auf Rückzug.

Am kommenden Morgen bin ich zeitig unterwegs. Das KK hängt an meiner Schulter, der ausgestopfte Fuchs mit Elster klemmt unterm Arm. Ich strebe zu dem Ort, wo gestern Abend die anderen Elstern lärmten – „Bebsis Wäldchen", ein kleiner Auenhain am Klosterbach. Über die feuchte Wiese geht es, in der Dunkelheit taucht der kleine Hain auf, in den ich mich einschieben werde. Am hinteren Rand des Auenwäldchens stehen hohe Pappeln – das sind die anderen Schlafbäume. Den Ausgestopften platziere ich an einem vorgelagerten Weidengehölz, darunter ein Tümpel sein verwunschenes Dasein fristet. Es ist ein Hotspot für die Schwarz-Weißen. Ich eile die knapp 50 Schritte zu „Bebsis Wäldchen" und verstecke mich in dem provisorischen Bodensitz – perfekte Täuschung und Tarnung. Noch ruht der Himmelsraum, während im Osten ein erster heller Streif erscheint.

Ich träume vor mich hin und denke der Elstern wegen zurück an meinen verehrten Oheim Heinrich v. Prittwitz. Mit ihm und Elstern verband mich das erste zarte Band jugendlich-glühender „Jagdunternehmungen". Onkel Heini war eines meiner Idole – seine stattliche Statur meist in grünes Lodentuch gehüllt, oder in eine zünftige lederne Kniebundhose, wenn er denn nicht seinen Uniformrock trug. Humorig, witzig und charmant, ein galanter Grand Seigneur, gescheiter Unterhalter und blendend aussehender Offizier der alten Schule. Er versprach, mich mit auf die Jagd zu nehmen, und mahnte, derweil mit einer Zwille den Elstern im elterlichen Garten nachzustellen, sozusagen als erste jagdliche Übung. Ersteres geschah aus terminlichen Gründen leider nie, als Oberst i. G. und Standortältester Hamburgs sowie Familienvorsitzender war er recht ausgebucht. Letzteres schon, es klappte aber nicht – die Elstern waren zu gewitzt und aus der Reichweite der Krampen meiner selbstgebauten Astzwille. Später hatte ich den gewünschten Erfolg mit Hilfe meiner Luftgewehrbüchse, machte ordentlich …

In Gedanken versunken hätte ich fast den Meisterjäger verpasst. Unvermittelt schnürt ein Rotrock über die Wiese und stößt auf meine quer laufende Spur! Abrupt macht der Fuchs „das Ganze halt“, misstrauisch bewindet er meine Trittsiegel. Das KK blafft die .22 lfb heraus und der Räuber sinkt leblos ins nasse Gras. Ich freue mich diebisch wie eine Elster, springe schnell aus meinem Versteck und eile zum Fuchs. Die kleine Kugel hat ganze Arbeit geleistet, aber er sieht wie unversehrt aus. Da kommt mir eine Idee – ich drapiere den Fuchs so zum Standbild, als ob der erlegte Fuchs dem ausgestopften Fuchs die Beute streitig machen wolle. „Wahrscheinlich sieht Letzterer deshalb so derangiert aus“, denke ich amüsiert. Jedenfalls erscheint das Ensemble täuschend echt. Geschwind begebe ich mich ins Versteck, denn die Dämmerung ist weit fortgeschritten, und die ersten Luftaufklärer werden bald unterwegs sein.

Aber es wachsen nicht alle Bäume in den Himmel, auf denen sich Elstern niederlassen könnten – es passiert rein gar nichts, außer ein paar gurrenden Tauben, zeternden Amseln und einem warnenden Grünspecht. Plötzlich Geflatter über mir! Erst denke ich an Tauben, da sehe ich die Elster drei Meter oberhalb – ihr Stoß geht in höchster Erregung auf und ab, ab und auf. Als ich das KK hebe, obwohl ein

Schuss auf die kurze Entfernung von nur wenigen Metern einem Kunstschuss gleichkäme, entfleucht sie Richtung Weidengehölz zum Fuchs-Gebilde. Dort macht sie ein riesiges Spektakel, sie schimpft und tschackert, aber nur aus sicherer Warte. Als ich mein KK in die Schulter bringe, landet über mir Elster Numero zwo. „Was nun? Jene oder diese?“ Ich entschließe mich für diese! „Vielleicht klappt es so mit beiden!“ Die Elster sondiert noch die Lage, da trifft diese aus kürzester Entfernung die Kugel. Sie fällt mir flatternd vor die Füße. Hastig schaue ich zu jener, der zeternden Elster im Weidengehölz. Anscheinend hat sie von meiner Kommandoaktion nichts mitbekommen, sie tschackert erregt und hupft von Ast zu Ast. Jetzt verschwindet sie hinterm Busch, schimpft aber weiter ohne Unterlass auf die Füchse. Mit zittrigen Fingern fummele ich eine neue Patrone in den Einzellader. Im Wipfel hupft die Schwarz-Weiße in Sicht. „Poff“ spricht das KK, jene Elster fällt wie ein Stein zu Boden. Hurtig haste ich hinüber, nehme die Elster und drapiere sie in dem Fang des erlegten Fuchses. Schnell zurück!

Aber erst einmal tut sich elsternmäßig gar nichts. Ein Schoof Stockenten fliegt paakend vorbei und landet auf dem Klosterbach. Sehen kann ich sie aus meiner Warte nicht, vernehme nur ihr geselliges Geschnatter, als sie bachaufwärts paddeln. Ich wundere mich, dass heute Morgen gar keine Rabenkrähen zu sehen sind … Es tschackert in meinem Rücken! Mucksmäuschenstill sitze ich. Das Tschackern wird vielstimmiger. Sehen kann ich keine, wage allerdings auch nicht, mich zu rühren. Eine Elster flattert in den Wipfel über mir. Diesmal hebe ich nicht das KK, weil ich nicht weiß, wie viele hinten im Gebüsch stecken. Eine weitere Elster fliegt zum Weidengehölz, die über mir tut es ihr gleich. Und sogleich hebt drüben ein Mordsgezeter an. Aber auch hüben tschackern noch mehrere Elstern. Ich zittere vor Aufregung. Jetzt versammeln sich sechs Elstern im Weidenbusch – Belle-Alliance! Sie hupfen aufgebracht um-

einander. Alles Jungelstern, von 100 Tagen, am relativ kürzeren Stoß zu erkennen. Da drüben ist der schwarz-weiße Teufel los. Die Elstern flattern im Gebüsch durcheinander und machen einen enormen Krawall. Meine Streichholzschachtel brauche ich jetzt nicht mehr. „Paff" – eine Jungelster liegt, zwei verabschieden sich eiligst. Von den drei Verbliebenen sehe ich nur eine, die anderen beiden sind hinter dem

Busch. Das Gezeter da drüben geht unverdrossen weiter. Und „Poff“, die nächste verstummt. Jetzt schweigen auch die beiden anderen, die ich nicht sehen kann. Aber schon erscheint eine Schwarz-Weiße flatternd und tschackernd an der Flanke. Auch sie liegt bald im Gras. Die Letzte macht sich eilig aus dem Staube. Ich eile hinüber und klemme die drei Beutevögel in die Zweige – vielleicht hilft dieses Bild, die Entfleuchten nochmal heranzulocken.

Eine knappe Viertelstunde warte ich, dann beginne ich mit der „Tschacker-Musik“. Und tatsächlich! Drei Elstern fallen über mir ein. Eine wird mir noch zur Beute, zwei Elstern des Trupps entkommen auf der Flucht. Vorerst! Ich fühle mich zwar nicht wie Wellington nach der gewonnenen Schlacht von Waterloo. Aber heute Abend werde ich noch mal rangehen wie Blücher … ich wollte es wäre schon Nacht und die Elstern kämen …

Abenteuer im Everglades National Park

Die Alligator-Lady

Meine Fahrten als Kapitän führten mich viele Jahre über den Nordatlantik in die Karibik, die Bahamas und nach Florida. Florida – dieser „Pan Handle State“ ist Heimat eines weltweit einzigartigen tropischen Marschlandes, des Everglades National Park, im Südwesten vom Moloch Miami.

Der „Grasfluss“ (river of grass) besteht heute nur als Überbleibsel eines ehedem viel größeren Abflusssystems des nördlich gelegenen Flusses Kissimmee und des zwischen Orlando und Miami gelegenen Sees Okeechobee. Das UNESCO Weltkulturerbe ist leider stark gefährdet.

Gleichwohl, oder gerade deswegen, hat das einmalige Feuchtgebiet nichts von seiner ursprünglichen Anziehungskraft verloren. Zarte Pflänzchen der Hoffnung auf weitere Renaturierung des Ökosystems gibt es – trotz der wenig zuträglich gewesenen Administration Trump. Unzählige Amphibien, Fische, Reptilien, Säuger, Vögel und andere Tierarten beleben das weitverzweigte Flussdelta, welches weder Sumpf noch Moor ist. Es ist ein flacher, träge dahinfließender Fluss, der in den Golf von Mexiko und den Atlantik mündet. Einige autochthone Arten sind einzigartig und kommen nur dort vor.

Ich fuhr mit dem Auto auf der Main Park Road SR 9336 nach Flamingo, als ich dieses eine Mal, bei ungezählten Besuchen im Park nur dieses einzige Mal, Anblick des seltenen, heimlichen Florida-Panthers hatte. Mittlerweile ziehen wieder 240 Exemplare ihre Spur im südlichen Florida. Das ist um den Faktor 12 höher und erfreulicher als zum historischen Tiefststand der Population: 20! Es war im Jahr 2007, kurz vor der Abenddämmerung. Ich passierte gerade die „rock reef pass elevation" in Richtung Flamingo, da kreuzte ein Puma die Teerstraße und verschwand im mannshohen Riedgras Richtung Norden. Die Katze folgte einem ausgetretenen Wechsel der Weißwedelhirsche, ihrer potentiellen Beute; eine spätere Unterart des Weißwedelhirsches war während der Wisconsin-Eiszeit über eine Landbrücke in die Florida Keys eingewandert; nach der Schmelze der Eispanzer waren die Weißwedelhirsche, nun vom Festland getrennt, dort als Unterart Key Deer zurückgeblieben. Ein Park Ranger sagte mir nach dem Erlebnis mit dem Puma, dass dessen Sichtung so wertvoll und selten wie ein Lottogewinn wäre – so empfand ich das auch! Bingo!

Für den Bau des Old Ingraham Highway vor und in den 1920er Jahren und später der State Road 9336 von Florida City und Homestead außerhalb des Parks nach Flamingo innerhalb des Parks – das ist die südlichste Ecke des Festlands der USA – wurde Kalksandstein direkt vor Ort gebrochen. Den gab es im alten, gehobenen Meeresboden Floridas zur Genüge. Dadurch entstanden links und rechts des Highways – unter Highway muss man sich in diesem Fall und zu jener Zeit eine simple Schotterstraße vorstellen – mehrere Kalksandsteinbrüche, die sich im Laufe der Zeit mit Wasser füllten und zu fisch- und tierartreichen Biotopen entwickelten. Alle Seen und weite Teile der Everglades hatte ich mit und ohne Angelrute erkundet, auch und gerade abseits der Touristenwege. Flachboote mit Guide und Kanus hatte ich seit 1993 gemietet. Im Juni 1999 verbrachten wir sogar unsere Flitterwochen in der Flamingo Lodge beim Fischen – „you must be fishing-crazy", sagte nicht nur unser Guide Ned Lentz!

Mosquitos, Gnitzen und Bremsen, ein jedes Insekt in jeglicher Größe, Schattierung und Blutrünstigkeit, waren damals meiner Meinung nach die gefährlichsten Biester. Unser morgendlicher Aufbruch in der Flamingo Lodge glich einem Ritual, um die 30 Meter breite Rasenfläche zum Parkplatz voll lauernder Mosquitos und Gnitzen unbeschadet zu überwinden: Im Bungalow versammelten wir uns hinter der Haustür, öffneten diese blitzschnell, flitzten durch die Türöffnung, schlossen die Tür, sprinteten über den Rasen, inzwischen in eine Wolke von Mozzies gehüllt, öffneten die Wagentüren, sprangen ins Auto, schlugen die Türen zu. Unzählige Mücken waren trotz der konzertierten Aktion mit ins Auto gelangt. Motor angeworfen, Klimaanlage auf kälteste und Lüfter auf höchste Stufe gestellt, und losgefahren. Im Fahren das elektrische Verdeck vollständig geöffnet und auf etwa 80 mph beschleunigt. Wenn alle Insekten durch den Sog in die Freiheit der Glades entsorgt waren, hielt ich an und schloss das Verdeck. Erst dann fuhren wir zurück zum Empfangszentrum der Lodge, um uns mit Kaffee zu versorgen, und danach zur Marina, wo die täglichen Angeltouren mit unserem Guide Ned Lentz starteten. Später rüsteten wir uns für die meisten Touren zu Lande und zu Wasser mit Gazeanzügen, die den Körper komplett bedeckten, doch nur teilweise schützten: an exponierten Stellen oder anliegenden Bereichen, wie Nacken, Ellenbogen und Hände, waren die Blutsauger immer siegreich! Grotesk geschwollene Haut war das wenig vergnügliche und kosmetisch fragwürdige Ergebnis.

Hätte ich damals gewusst, dass neben harmlosen invasiven Arten auch gefährliche Carnivori durch Menschen eingeschleppt worden waren, etwa die Tigerpython, meine Rangliste der gefährlichsten Tiere hätte die stechsaugenden Vampire nicht unbedingt an erster Stelle gehabt. Und ich hätte wohl kaum Streifzüge im teils hüfthohen Wasser der Everglades, sogenannte „slough slogs", gemacht. Jedenfalls nicht allein und nicht zu nachtschlafender Zeit! Damals wusste ich nichts von der Präsenz der Würgeschlange, heute sind die Pythons ein enormes Problem für das ökologische Gleichgewicht und die einheimischen Arten in und um den Park. Sogar massive Exemplare des Mississippi-Alligators sind potentielle Beute der großen Würgeschlange aus Südostasien. Arten, unter anderem Opossum, Rotluchs, Sumpfkaninchen, Waschbär und Weißwedelhirsch, sind örtlich dezimiert oder ausgelöscht. Es gibt mehrere staatliche wie private Programme zur Bekämpfung der eingeschleppten Würgeschlage, alle bisher ohne durchschlagenden Erfolg. Was in Anbetracht des idealen subtropischen Biotops, der im Wesentlichen fehlenden Prädatoren, der Größe des Gebietes, inklusive des Big Cypress National Preserve, und der Vielfältigkeit der Unterschlupfmöglichkeiten nicht verwunderlich ist. 2016 wurden dann auch noch einige afrikanische Nilkrokodile entdeckt – die Causa Mensch …!

Mississippi-Alligatoren bedeuten meist keine unmittelbare Gefahr für Menschen, da Menschen oder große Säugetiere nicht zum normalen Beutespektrum der Echsen, die aber Nahrungsopportunisten sind, gehören. Allerdings gestört oder in die Enge getrieben, insbesondere in der Paarungszeit, oder wenn der Mensch in das ureigene Territorium der Echsen eindringt, oder sie illegal füttert, können sie zur tödlichen Gefahr werden – im Schnitt gibt es USA-weit etwa drei Todesfälle pro Jahr. Was in Anbetracht der zahlreichen Lebensraumüberschneidungen zwar wenig, aber dennoch tragisch ist. Bei den viel selteneren Spitzkrokodilen Süd-Floridas sieht es anders aus – der

Mensch ist durchaus potentielle Beute, und außerhalb der USA, so in Mexiko, Mittelamerika, Kuba und im nördlichen Südamerika, kommt es regelmäßig zu tödlichen Angriffen. Dass letale Unfälle mit Alligatoren trotzdem häufiger und mit dem potentiell gefährlicheren Spitzkrokodil so gut wie gar nicht passieren, liegt an den ungleichen Vorkommen: Millionen Alligatoren in sieben Bundesstaaten der USA im Vergleich zu wenigen Tausend Spitzkrokodilen ausschließlich im Süden Floridas. Florida ist der einzige Staat der Erde, wo beide krokodilartigen Echsen zusammen vorkommen.

Alligatoren, ganz kleine Exemplare, hatte ich beim Fischen im Süßwasser mit der Hand gefangen, wenn sie versehentlich und selten am Köder hingen. Aber Obacht, auch die kleinen Dinger können beißen! Größere Exemplare schwammen öfters direkt neben dem Kanu. Manchmal machte es Spaß, sie durch Platschen auf der Wasseroberfläche und dadurch einen verletzten oder kranken Fisch imitierend, anzulocken – selbstverständlich verboten ... Wichtig ist dabei, dass man eine gute Übersicht hat und das Wasser nicht trübe ist. Bei Spitzkrokodilen im Wasser traute ich mich nicht! Ihnen saß ich im Kanu hockend auf Augenhöhe bestenfalls wenige Meter gegenüber, wenn diese sich an einer hohen Uferböschung der Flamingo Lodge regelmäßig sonnten. Im Wasser wollte ich beiden Arten nicht begegnet sein, schon gar nicht dem Spitzkrokodil ... Die im Süden Floridas entdeckten Nilkrokodile, die ich aus meinem afrikanischen Geburtsland Namibia und aus Südafrika kenne, sind allerdings kein Spaß mehr.

Jeden Montagmorgen fragten die Manager der Werft Merrill-Stevens Drydock Company am Miami River, wo die Motoryacht zur Überholung lag, was ich denn am Wochenende erlebt hätte. Meine Freunde wussten von meinen Exkursionen in die Wildnis der Everglades, kannten meine Erlebnisse im südlichen Afrika mit der schwarzen Mamba, der Puffotter und der grünen Baumschlange, waren zudem interessierte Jäger und Fischer, mit denen ich gelegentlich fischen und regelmäßig zum Skeetschießen fuhr, und sie steuerten ihre eigenen Erlebnisse und Erfahrungen bei. Wiederholt kam nach meinen Berichten der Vorschlag, ich sollte doch eine Reality-TV-Show machen, ähnlich wie der Australier Steve Irwin. So sehr ich die weltweite Arbeit und brillanten TV-Beiträge des hyperaktiven Irwin, des Crocodile Hunters, schätzte und bewunderte, so unheimlich und riskant dünkten mich einige seiner Beiträge. Damals, im Jahr 2006, behauptete ich, dass Irwin's Leben durch seine gewagten Arbeiten eines Tages fatal enden würde. Tragisch: Tatsächlich verstarb Irwin noch im selben Jahr bei einem Tauchgang an einem Stachelrochenstich in sein Herz. Nach einer solchen Fatalität war mir bei meinen Angelabenteuern ganz und gar nicht!

Mehr oder minder gefährliche Erlebnisse – außer Attacken durch Myriaden von Mozzies – erlebte ich jedes Wochenende in der Abgeschiedenheit der Glades. Nach Jahren zwar faszinierender, aber unspektakulärer Begegnungen mit den Tieren der Everglades, kam es im Jahr 2006 dicke ... Ob es plötzlich die Begegnungen mit Giftschlangen waren – zuvor betraf es nur harmlose Schlangen, oder beim Nachtangeln den Alligator im Ried, der an einem Wasserarm am Tamiami Trail nahe des Flecken Carnestown so erschrak wie ich und mit einem gewaltigen Platsch ins Wasser rauschte – ich hatte ihn im dichten Sägegras direkt neben mir liegend trotz des Vollmondlichtes nicht gesehen, anders als den Alligator, der bei Sonnenschein vor mir im seichten Klarwasser am sandigen Grund lag, und ich bis zu den Oberschenkeln im Wasser stehend angelte, es gab montagmorgens immer viel zu berichten. Wir nannten diese Stunde „Heiko's Happy Hour".

Sechs giftige Schlangenarten gibt es in Florida, von denen ich der Eastern Diamondback Rattle Snake, der Cottonmouth oder Water Moccasin und der Coral Snake begegnete. Zum Teil unter denkwürdigen Umständen. Diese Schlangenarten halten sich häufig dort auf, wo es Wasser gibt, im Fall der Water Moccasin fast immer. Wasser bedeutet Leben, Wasser bedeutet Nahrung. Und Wasser ist in den Everglades überall vorhanden: Süßwasser, Brackwasser, Salzwasser, stehendes Wasser, fließendes Wasser, tidenunabhängiges Wasser, tidenabhängiges Wasser. Und im Wasser sind Fische. Und den Fischen stellte ich nach: catch and release, manchmal auch für den Kochtopf. Um zu fischen, muss man zwangsläufig am, auf oder im Wasser sein.

Die ehemaligen Steinbrüche, jetzt Seen, entlang der Main Park Road hatten es mir angetan: Pine Glades Lake, Sisal Pond, Ficus Pond, Sweet Bay Pond, Paurotis Pond, Nine Mile Pond. Insbesondere der Pine Glades Lake sollte noch eine tragende Rolle spielen … Auf der Suche nach den besten Stellen zum Fang des amerikanischen „Freshwater-Game-Fish" Numero Uno, dem Forellenbarsch oder Largemouth Bass, wollte ich die ausgetretenen Pfade, an denen andere Fischer regelmäßig fischten, umgehen. Entweder watete ich zu entlegeneren Seen, die nicht mit dem Automobil zu erreichen waren, wie etwa der Ficus Pond, oder ich suchte an den leichter zugänglichen Seen die Stellen auf, die nur per pedes und mit größerer Mühe erreichbar waren. Zum einen musste man in der Hitze, eingepackt im Gazeanzug und bepackt mit Ausrüstung, durch den Grasfluss waten, zum anderen warteten besonders in Lee der Hardwood Hammocks – grüne Laubholzinseln auf leicht erhöhtem Terrain – Schwärme von blutrünstigen Bremsen auf den vorbeiwatschelnden Wicht, der dem offenen Wasser zustrebte. Nein, nein, nicht um suizidalen Gedanken der Insektenplagen wegen nachzuhängen, sondern um den Fischen nachzugehen! Dabei passierte es eins ums andere Mal, dass ich neben oder über eine Water Moccasin trat! Dazu muss man wissen, dass die Water Moccasin als territorial und im Gegensatz zu vielen Schlangenarten als angriffslustig gilt. Meist lag die Schlange am

Ufer, gerade dort, wo ich meinen Angelkasten absetzten wollte, ich dann aber im Schritt innehielt – die zum Ring gerollte und drohende Schlange direkt zwischen meinen Füßen. Kein schöner Anblick, da zog ich mich lieber ganz, ganz vorsichtig zurück. Eine Giftschlange will man gar nicht oder nicht alle Tage zwischen den eigenen Füßen sehen.

Ein anderes Mal stapfte ich während eines Slough Slogs ohne Angelausrüstung durch den Taylor Slough. Vorher in knie- bis hüfttiefem Wasser wandelnd, versank ich gerade bis zum Hals in einem Solution Hole. Solution Holes sind Löcher im Kalksandstein, die im Laufe der Jahre und Jahrzehnte durch Tanninsäure entstehen. In der Trockenzeit ziehen sich Alligatoren gerne in diese tieferen Wasserstellen zurück. Sie reinigen die Löcher von Pflanzenresten und allerlei natürlichem Unrat. Dadurch bildet sich im Laufe der Jahre um das Solution Hole ein erhöhter Ringwall aus Humuserde, auf dem sich sukzessive Mangroven und Laubbäume ansiedeln; so entstehen Hardwood Hammocks. Ich war also gerade in dem Loch versunken. Da schwammschlängelte eine Cotton Mouth in etwa einer Armlänge an mir vorüber. Sie schien ähnlich erschrocken wie ich und verschwand im dicken Periphyton. Zum Glück wurde ich nie gebissen und blieb auch von Trockenbissen verschont. Aber gefühlt war es etwas anders …

Oder ich stapfte am Pine Glades Lake am Nordwestufer durch dichtes Dickicht, um meinen Kunstköder zu retten, der sich beim Parallelwurf entlang des Ufers in den Steinen verhakt hatte, dort, wo der dicke Forellenbarsch stand und sein Nest bewachte. Dazu musste ich, da direkt an der Uferkante kein Fortkommen war, den Trampelpfad zurück durch das Ried nehmen und diesen in etwa auf der angenommenen Höhe des hakenden Köders verlassen und senkrecht durch die verfilzte Strauchzone zum Ufer kraxeln. Ich trat im Halbdämmer des Unterholzes mit meinem soliden, deutschen Wanderstiefel gerade neben eine Grasbülte, als daraus eine

Schlange hervorschoss. Jessis! Das war knapp! Die Schlange lag nun in Angelrutenlänge vor mir, allerdings waren Kopf und Körper vom Kraut verdeckt, sodass ich die Art nicht ausmachen konnte. Nur die Schwanzspitze schaute heraus. Mit der Rutenspitze berührte ich die Schwanzspitze, und da erklang das bekannte Rasseln der Hornschuppen: eine Klapperschlange! Sie entfernte sich, wohl recht indigniert, dass jemand es wagte, ihre Klapper berührt zu haben. Es klapperte die Klapperschlange bis ihre Klapper schlapper klang … Immerhin, meinen Kunstköder konnte ich doch noch retten.

Im Jahr 2006 bekam ich Besuch von meiner Frau Cornelia mit unseren Söhnen Maximilian-Lennart und Tristan. In einem Wohnmobil reisten wir durch die Keys, den Park und das Big Cypress National Preserve. Bevor wir in den Lower Keys unsere Freunde Ned und Marybeth besuchten, hielten wir auf Big Pine Key am Blue Hole an. Das Süßwassereldorado, das angeblich auf einer Blase salzigen Wassers schwimmen soll, entstand aus einem alten Steinbruch, dessen Material zum Bau von Straßen und für Flagler's Railroad verwendet worden war. Das Blue Hole ist angeblich das einzige Süßwasserreservoir in den gesamten Keys. Bei unserem ersten Besuch vor Jahren tummelte sich dort ein gewaltiger Alligator, so mächtig, wie ich nie wieder einen gesehen habe. Er dürfte gut 5 Meter Länge oder etwas mehr gehabt haben! Ich bekam erheblichen Streit mit einigen dämlichen Besuchern, die den Alligator aus sicherer Entfernung mit Steinen beworfen hatten, um das sonnenbadende Reptil zu einer Reaktion zu zwingen. Ich fragte sie, wie sie sich wohl fühlten, wenn ich sie mit Steinen bewerfen würde. Zur Antwort erhielt ich noch dämlichere Grimassen als sie eh schon dämlich aussahen. In der Süßwasserblase lag jetzt nur ein kleines Weibchen mit einer weißlich schimmernden Verletzung an der Schnauze und einem lädierten Auge. Ein Dienst tuender Ranger erzählte uns, dass einheimische Touristen den Alligator von der Beobachtungsrampe mit

Stöcken gepeinigt und verletzt hätten. Auf der Rückreise von den Lower Keys machten wir wieder Station am Blue Hole. Wir erfuhren, dass das Weibchen von jenen erbärmlichen Peinigern getötet worden war … die Causa Mensch!

Captain Ned war, wie bereits beschrieben, über Jahre unser Fishing Guide in den Everglades. Bevor die Flamingo Lodge von einem Hurrikan massiv geschädigt und Motel und Bungalows, respektive das, was noch davon übrig war, in der Folge geschlossen wurden, hatten wir im Backcountry und entlang des Golf von Mexiko mit ihm gefischt: Atlantic Flounder, Blackdrum, Catfish, Cobia, Goliath Grouper, Jack Cravalle, Ladyfish, Redfish, Sheepshead, Snook, Spanish Mackerel, Spotted Sea Trout, Tripple Tail, Tarpon … Jetzt fischten wir mit Ned und und seiner Frau Marybeth in den Gewässern der Lower Keys auf Barracuda, Bonefish, Mangrove Snapper und Permit. Dann, im Park auf dem Campingplatz Long Pine Key, stolz hatte Max im See seinen allerersten Fisch, einen Sonnenbarsch, gefangen, machte ich gerade den Van für die Weiterreise fertig: Schwarzwasser abführen, Brauchwasser nachfüllen. Meine Familie war derweil außer Sichtweite mit angenehmeren Dingen befasst, sie sammelte Pinienzapfen für das abendliche Grillfeuer. Dicke Pinienzapfen lagen haufenweise auf dem Rasenparkplatz herum. Die Aufregung dort wurde mir hernach haarklein erzählt! Tristan stand nämlich unerwartet vor einer armdicken, langen Schlange, die direkt vor ihm an einem geparkten Auto im Gras lag! „Mama, da ist eine Rasselschlange." „Trissi, rede keinen Blödsinn." „Doch da ist eine Rasselschlange, guck doch!" Die Mama kam, immer noch ungläubig. Die Schlange war unterdessen unter dem Auto und rasselte laut. „Trissi nicht bewegen! Komm langsam zurück!" Trissi hatte vor einer fetten Eastern Diamondback Rattlesnake gestanden. Das Abenteuer ging glimpflich aus, aber die Ranger-Lady am Eingang zum Campingplatz, der wir den Vorfall schilderten, meinte aufgeregt, dass jährlich Heerscharen von Schlangenliebhabern, insbesondere aus den nördlichen Staaten, nach Florida kämen, um einmal ein Exemplar dieser Klapperschlange zu sehen. Aber nie oder selten eine zu Gesicht bekämen. Und da stand der Pimpf einfach so vor einem Prachtexemplar von Klapperschlange. Die wirkliche Gefahr war, dass Tristan mit seinen damals knapp vier Jahren die wahre Gefährlichkeit gar nicht erfassen konnte.

Apropos Nordwestufer Pine Glades Lake. Es war Mittwoch, 10. Mai 2006: Ich erinnere Tag und Datum deswegen präzise, weil an jenem Mittwoch die Medien von zwei Attacken auf Menschen berichteten. Attacken von Alligatoren! Zum einen am Abend des vorausgegangenen Dienstags der tödliche Angriff eines Alligators auf eine 28jährige Frau nördlich von Miami im Markham Park, Sunrise, Broward County. Die Joggerin hatte nach dem Laufen ihre Füße von einer Brücke im Wasser baumeln lassen. Es ist keine gute Idee, das während der Dunkelheit und insbesondere in der Paarungszeit der Alligatoren zu tun. Männliche Alligatoren sind in der Paarungszeit territorial und verteidigen ihr Revier aggressiv. Die Läuferin bezahlte ihren Leichtsinn mit dem Leben. Allerdings später auch die drei Meter lange Echse. In deren Verdauungstrakt wurden die abgerissenen Arme der Joggerin gefunden. Kratzspuren um die Augen des Alligators zeugten von dem verzweifelten Kampf der Frau. An jenem Mittwoch fanden Bauarbeiter die verstümmelte Leiche im Kanal. Die Gegebenheiten des Markham Parks kannte ich gut, insbesondere in Hinblick auf die zahllosen Kanäle, Ponds und Wasserläufe, denn ich besuchte fast jeden Mittwochabend die Skeet Anlage von Markham Park zum Nachtschießen. Des Weiteren kam die Meldung, dass auch noch ein Golfballtaucher auf einem Golfplatz von einem Alligator angegriffen worden war, als er gerade Golfbälle aus einem Wasserbunker holte. Der Alligator hatte unvermittelt angegriffen. Der Biss der Echse wurde durch eine auf den Rücken geschnallte Pressluftflasche abgeschwächt und bewahrte den Taucher vor tödlichen Verletzungen. Im beherzten Abwehrkampf rammte er sein stabiles Bowiemesser in den Schädel des Alligators, was die Echse nicht, der Taucher arg verletzt überlebte. Schwarzer Mittwoch!

Natürlich waren die Attacken auch Gesprächsthema in der Werft. Zwei Angriffe von Alligatoren in zwei Tagen, davon einer tödlich, waren auch in Florida eine Schreckensmeldung. Das Wetter an diesem Mittwoch war herrlich, aber mir war nicht nach Skeetschießen im Markham Park. Stattdessen kam die Idee, nach Arbeitsende in den Wagen zu springen und in die Everglades zu sausen. Zum Fischen! Es war nicht zu warm, angenehm, der Wind aus Nord, damit wären auch die nervigen Mücken und Bremsen einigermaßen in Schach gehalten und es brauchte den Gazeanzug nicht. Shorts waren angesagt. Wenn alles klappte und ich geschwind durchkäme, hätte ich am Pine Glades Lake bis zur Dämmerung noch etwa zwei Stunden Zeit zum Fischen. Das sollte genügen. Gesagt, getan! Ich warf die Ausrüstung in den Chrysler Sebring, fuhr das Verdeck runter und ab ging's auf den Florida Turnpike und die US 1 nach Süden. Auf der SR 9336 zum Park dachte ich wieder an die Attacken, und ich erinnerte, dass im Pine Glades Lake ein dominanter Alligator mit mehreren ausgewachsenen Weibchen von knapp zwei Meter Länge war, dazu einige kleinere Alligatoren. Überschaubar, selbst in der Paarungszeit! Und das große Männchen hatte ich bei meinen letzten Angelausflügen nicht mehr am oder im See gesehen.

Als ich von der Main Park Road in den Schotterweg einbog und kurz darauf den Pine Glades Lake erreichte, waren weit und breit keine Touristen oder Angler zu sehen – ich hatte den See allein zur Verfügung. Schnell war die Ausrüstung ausgepackt, ein Spinner montiert und los ging's. Es war Brutzeit, da standen die Forellenbarsche gerne an ihren Laichplätzen, die sie eifersüchtig bewachten, nahe am Ufer. Genau hier hatte ich einmal beobachtet, wie ein

Weibchen sein Bodennest verteidigte und von Laichräubern rein hielt. Ich hatte einen Gummiwurm ohne Haken in die Mulde gezogen. Da kam der Barsch flott heran, packte den Wurm behutsam in der Mitte und spukte diesen außerhalb der Nestmulde wieder aus. Das interessante Spiel trieb ich einige Male, bis der eifrigen Mutter gerechtes Pardon gegönnt wurde. Ansonsten patrouillierten Schwärme von Forellenbarschen die Tiefwasserbereiche auf Nahrungssuche ab. Mehr noch liebten sie Strukturen jeder Art, die ihnen Schutz, Versteckmöglichkeiten und Nahrung boten, um blitz- und explosionsartig über Beute herzufallen. Am Haken vollführt der Largemouth Bass wahre Kunststückchen in der Luft und macht seinem Namen als „Best-Tournament-Fish-of-America" alle Ehre.

Ich warf den Köder entlang der Uferkante aus, und nach dem dritten Wurf ruckte mein Köder. Biss und Anhieb, und die Rute bog sich, die Rolle surrte, ein prächtig-fetter Bursche von Barsch hatte gebissen. Das ging ja gut los! Ich drillte den Fisch heran, und der Barsch sprang, um den Haken abzuschütteln. Da gab es einen größeren Platsch als den vom Barsch! Ein kleiner Alligator, der für mich unsichtbar in den Ufersteinen gelegen und sich gesonnt hatte, sprang ins Wasser zur vermeintlich leichten Beute, die zappelnd und platschend am Haken hing. Jetzt waren Barsch und ich in Not! Denn ich wollte den Alligator nicht zu einem Schnellimbiss-Menü „Forellenbarsch am Haken" eingeladen haben, zumal vermutlich ein fürsorgliches Weibchen, das sein Nest bewachte und nur der Elternpflicht genügte. Vielleicht sogar das Weibchen mit dem Gummiwurm … Mit aller Kraft drillte ich den Fisch vom verfolgenden Alligator weg, was auch gelang, hob den Fisch aus dem Wasser – ein fetter Prachtbarsch – und ließ ihn wieder frei. Zack war er weg Richtung Nest. Unbeweglich, mit gespreizten Beinen, lag der kleine Alligator im Wasser, und es schien, er war ein wenig beleidigt. Ich schaute prüfend über den See, ob ich andere Alligatoren und besonders den dominanten Herrscher des Pine Glades Lake entdeckte. Aber der See schien still zu ruhen. Weitere Echsen waren nicht zu sehen, nichts war zu sehen, nichts war zu hören, nur Spottvögel sangen ihre melodischen Lieder im Busch.

Ich ging am Ostufer einige Meter voran, machte mehrere Würfe und fing einen weiteren Forellenbarsch zwischen den groben Steinen. Vor der nordöstlichen Ecke war so oder so Ende. Vielleicht hatte der ins Wasser platschende Alligator die Fische an dieser Seeseite alarmiert, und nun erlaubte der überhängende Uferbewuchs keine Würfe, ohne dass sich Angel, Schnur und Köder im Totholz in hoffnungslosem Tüddellütt verhedderten. Ich entschied, zur nordwestlichen Ecke des Sees zu gehen. Inzwischen war ein „poppender" Oberflächenköder montiert, da der Wind aus Nord nur schwach wehte und der See keine Wellen warf. Und die Fische standen hoch. Am Sweet Bay Pond hatte ein Alligator Maxis Oberflächenköder, der einen unwiderstehlichen Reiz auf Alligatoren auszuüben scheint, mal in zwei Teile gebissen. Das Styroporrelikt mit dem sauberen Zahnabdruck des Alligators hat Maxi als Trophäe bis heute behalten.

Ich ging auf dem Trampelpfad im Riedgras Richtung Nordwestecke, entlang des dichten Uferholzes, dort, wo ich fast auf die Klapperschlange getreten war. Es war noch eine Stunde bis zur Dämmerung. Ungefähr fünfzig Meter vor der Nordwestecke des Sees lichtete sich das Dickicht. Auf der halbmannshohen Uferkante hatte man, wenn das Ried passiert war, guten Stand und Überblick. Vorsichtig drang ich zum Süll vor, denn mein Verlangen, im hohen Gras auf eine Schlange zu treten, war nur gering ausgeprägt. Ich inspizierte das Ufer. Reichlich Köderfische im Wasser – hier sollte doch was gehen! Mein Blick schweifte über den See. Links, in einiger Distanz, war etwas Dunkles an der Wasseroberfläche. Der Alligator lag bewegungslos, es war eines der Weibchen, etwa mannsgroß. Da es in einiger Entfernung lag, begann ich, den Oberflächenköder zu arbeiten: twitsch, twitsch, popp, popp, jedes Mal gab es eine kleine Spritzwelle mit Geräusch. Kaum hatte ich die Arbeit begonnen, schwamm die Alligator-Lady in meine Richtung, zielstrebig, ruhig und lässig mit nur kleinen, schlängelnden Bewegungen des kräftigen Schwanzes. Von der erhöhten Warte des Ufers konnte ich ihre Aktion gut beobachten. Ich warf den Oberflächenköder wieder aus und imitierte erneut einen kranken, verletzten Fisch: twitsch, twitsch, popp, popp! Augenblicklich änderte die Alligator-Lady ihren Kurs in Richtung des Köders. Es war offensichtlich, dass sie, von den Schallwellen und Schwingungen wie an einer Schnur aufgezogen, angezogen wurde. Die kleinen Fische im glasklaren Wasser schienen von ihrer Präsenz überhaupt nicht beunruhigt. Ich auch nicht! Allerdings sollte mein Köder nicht so enden wie Maxis. Also ging ich ein Dutzend Meter weiter Richtung Nordwestecke, ohne den Köder auszuwerfen oder zu arbeiten. Tatsächlich folgte mir die Lady. Es schien förmlich, als wartete sie auf Futterbrocken. Wieder ging ich drei, vier Meter weiter. Sie folgte und verharrte, wenn ich verharrte. Es dämmerte mir, dass wohl törichte Angler den Alligator mit Fischen oder Fischabfällen gefüttert hatten. Was nicht nur dümmlich sondern auch aus gutem Grunde verboten, da potentiell gefährlich, ist. Das Verhalten der Alligator-Lady entsprach dem eines von Anglern illegal verwöhnten Reptils.

Das war einstweilen weder gefahrvoll noch beutewidrig, wenn denn ein Forellenbarsch hier gestanden hätte. Es war lediglich lästig, da die Lady mein Wurfgebiet einschränkte und ich zudem um die Unversehrtheit meines Köders fürchten musste. Und die Alligator-Lady war viel zu groß, um sie, falls gehakt, herandrillen zu können und etwa den Köder mit der Hand zu retten … Das Licht wurde weniger, noch hatte ich etwa eine gute halbe Stunde zum Fischen, und meine knappe Zeit wollte ich nicht mit der Alligator-Lady teilen. Ich machte einige Würfe über das Reptil hinweg, arbeitete den Köder, die Lady lag unbeweglich vor mir, direkt vor mir, starrte mich an. Gelegentlich starrte ich zurück. Irgendwann begann die ergebnislose Werferei zu nerven. Die Lady wartete, bis der Köder näher herangeführt war, dann schwamm sie wieder zielstrebig darauf zu, des Zuschnappens wegen. Und wenn dann der Köder rechtzeitig in luftiger Höhe war, schwamm sie wieder auf mich zu, und bettelte – so schien es wenigstens. Nicht gerade wie ein Hund mit schiefgelegtem Haupt, japsend und vor Spannung vibrierend, nein, eher stoisch-ruhig, starr-fokussiert, abwartend, um dann plötzlich mit Macht vorzuschießen und so schnell zuzubeißen, wie ein Hund ein ihm lästiges Insekt mit den Zähnen fängt.

Über die Zeit dachte ich nicht wirklich an die Attacken vom schwarzen Mittwoch, schaute aber einige Male über den See, ob nicht irgendwo versteckt der Herr des Sees steckte. Oder sich heimlich leise näherte. Ich konnte nichts entdecken. Die Alligator-Lady, direkt vor und unter mir im Wasser, machte mich nervös. So sollte ich ihr am besten entkommen, indem ich geschwind einige Meter Boden am Westufer gut machen wollte. Mit einem Blick sondierte ich das glatte, ebene Ufer aus Muschelkalk, nahm zwar die ausgespülte Unterhöhlung des Ufers in Wasserhöhe wahr, aber … Die Angelrute in der rechten Hand, mein Strohhut auf dem Kopf, nahm ich Anlauf und sprang über das Eck vom Nordufer zum Westufer. Das war keine gute Idee! Der mürbe Muschelkalk des Ufers brach ab und unter mir weg, und ich stürzte ins Wasser, direkt vor die Alligator-Lady, mit dem Rücken zu ihr. Das Nächste, was ich sah, im tiefen Wasser untergetaucht, war Grün – grünes Wasser, und da spürte ich einen Schlag am rechten Schienbein. Als ich auftauchte – meine Angelrute und Stationärrolle hatte ich instinktiv über Wasser gehalten und auch mein Strohhut sollte nicht nass sein, drehte ich mich blitzschnell in Richtung der Alligator-Lady, erwartete ihren Angriff, fummelte mit der linken Hand nach meinem Messer! Die Lady tauchte

gerade wieder auf, drehte sich in meine Richtung und fixierte mich Tropf. Sie lag jetzt vier, fünf Meter weg. Ich weiß nicht, wie ich aus dem tiefen Wasser die senkrechte Kante hochkam und ans Ufer gelangte – ich muss wohl wie Donald Duck mit Düsenantrieb aus dem Wasser geschnellt sein.

Vom rettenden Ufer schaute ich zur Alligator-Lady, die im Wasser und jetzt langsam näher zum Steilufer schwamm. Dann blickte ich hinunter, bis auf meinen Strohhut war ich nicht nur vom Wasser nass, sondern auch von meinem Blut besudelt: Ich blutete wie ein abgeschlachtetes Schwein. Die Sohle meines rechten Meindl-Wanderstiefels war durch den Sturz abgerissen, die rechte Seite des Beines der Länge nach blutig aufgeschrammt, und am Schienbein hatte ich einen auffällig waagerechten, rasiermesserscharfen Schnitt. Der blutete am stärksten! Der Schlag im Wasser! Und jetzt wurde mir klar: Die Alligator-Lady war fast direkt unter mir, da kam ich, für sie völlig überraschend, als übergroßer Futterbrocken ins Wasser gestürzt, direkt vor ihr Maul, worauf sie selbst erschrak und sich mit massivem Schwanzschlag aus der vermeintlichen Gefahrenzone machte. Dabei traf eine der scharfen Hornplatten des Schwanzes mein Schienbein und ritzte es auf.

Selbstverständlich habe ich später, insbesondere geneigten weiblichen Zuhörern, tapfer erzählt, die Wunde am Schienbein stamme vom Biss der Alligator-Lady, und nur in einem verzweifelten, heroischen Kampfe hätte ich mich befreien können … Nichts davon ist wahr! Die Alligator-Lady war mindestens so erschrocken wie ich, nur, dass sie sich in ihrem ureigenen Element befand. Noch am Ufer des Pine Glades Lake kam mir der Gedanke, dass, wäre an diesem schwarzen Mittwoch das dominante Alligator-Männchen anstelle oder mit der halb so großen Alligator-Lady zugegen gewesen, ich hätte diese Geschichte von der Alligator-Lady wahrscheinlich nicht mehr berichten können …

Und noch ein sauerländisches Original

Der Raubwildjäger

Man möchte meinen, sie stürben aus: Knorrige Originale – Menschen, die gegen den Hauptstrom schwimmen, die sich jeglicher Form der Vereinnahmung durch die gesetzte Norm zu widersetzen und sich der Allgemeinheit zu entziehen wissen. Von einem solchen Original, einem Waidgesellen aus dem Süderländischen – dem Sauerland – soll hier die Rede sein: Meinhard Mengel.

Ich begegnete Meinhard durch Zufall, durch planmäßigen Zufall. Es war im Frühjahr 2017 auf dem Resthof meiner Partnerin Sabine. Sabine lebt auf dem Hof Kahlberg. Es ist dies ein ehemaliger Bergbauernhof in idyllischer Alleinlage, aber nahe der Stadt Plettenberg. Die Stadt führt den Namen des unweit ansässigen Grafengeschlechtes derer von Plettenberg. Sabine wohnt und wirkt unterhalb des Forstgutes „Hohe Blemke", welches nach dem Ableben meines verehrten Oheims Dieter Tappeiner Edler v. Tappein, Dr. der Jurisprudenz und Rechtsberater einer großen Privatbank, nun von seinem Sohn Philip bewirtschaftet wird. Nach einer jagdlichen Jugendsünde in dessen Privatwaldrevier, der ich einst die Erzählung „Die Todsünde“ widmete, hatte ich mir geschworen, nie wieder in meines Onkels Beritt zu jagen: Jagdscham, eben wegen der jagdlichen Schuld, die ich jugendlicher Heißsporn auf mich geladen hatte. Einen Schwur, den ich bis heute, ein Vierteljahrhundert später, immer noch zu halten weiß. Auch wenn mein Vetter Philip meint, dass man das mit der jagdlichen Abstinenz ja mal ändern könne. Und dabei freundlich grinst. Philip ist vom Fach, ein fleißiger Forstgutbesitzer, erfolgreicher Jäger, ein hervorragender Wettkampfschütze und großzügiger Jagdherr. Zudem bildet er Jungjäger und Jungjägerinnen aus. Nun bin ich ein prinzipientreuer Mensch, und noch glaube ich, mich den verwandtschaftlichen Sirenengesängen entziehen zu müssen. Außerdem ist das jagdliche und forstliche Kleinod meines Vetters mit Sabines Cousin Harald als formidablem Jäger vor Ort bestens aufgestellt und versorgt.

Bei meinen nun regelmäßigen Besuchen am Kahlberg stand mir der Sinn auch nach Jagd, insbesondere nach Raubwildjagd. Nur so rund um den Hof, wo Fuchs, Dachs, Marder und mittlerweile auch Waschbär ihre Spuren zogen. Jagdliche Abstinenz war da nicht angesagt, denn sie wäre kontraproduktiv im Sinne der Niederwildhege gewesen. Direkt an Sabines Hof steht, mit Blick auf ihre Pferdekoppel, die entsprechend benannte Pferdekoppelkanzel. Diese Einrichtung erinnerte permanent an die mir mangelnde Jagdausübung vor Ort. Nur bedurfte es dieser peinsamen Erinnerung nicht. Bei jedem meiner Besuche am Kahlberg jagdausübungslos bleibend – geradezu ein Sakrileg für einen passionierten Raubwildjäger – stand irgendwann die Frage im Raum, wer denn der Jagdausübungsberechtigte sei, und ob man möglicherweise bescheiden und nur von dieser Kanzel auf Raubwild jagen könne. Sabine kannte den Pächter und bei nächster Gelegenheit fragte sie ihn. Jener, ein ausschließlicher Rehbockjäger, verwies an seinen amtlich bestätigten Jagdaufseher: Meinhard Mengel. Man solle das mit ihm ausmachen, hieß es. Ich war wenig hoffnungsfroh ob dieser Nachricht von jenem an diesen. Aber da wusste ich noch nicht, dass Meinhard Mengel ein ebenso passionierter wie verrückter wie erfolgreicher Raubwildjäger war und ist. Und, was ich seinerzeit nicht ahnte, geschweige denn wusste: ein Jäger, der ähnlich akribisch in der Vorbereitung seiner jagdlichen Raubzüge vorging und waidwerkte wie der Schreiberling dieser Zeilen. Kongeniale Geister sollten sich da treffen oder „brothers in crime", in symbiotischer Gemeinsamkeit im Sinne des Waidwerks. Meinhard meinte nun zu Sabine, man könne doch auch gemeinsam auf Fuchs, Marder und auch auf Sauen waidwerken, der eine hier, der andere dort, um die jagdliche Chance des Beuteerwerbs zu verbessern! Denn wenn man alleine hüben sitzen würde, wäre das Wild drüben und umgekehrt. Diese mich vollkommen überraschende Ansage überstieg alle meine Erwartungen, und folglich fieberte ich unserer ersten Begegnung entgegen.

Die Begegnung kam, und ich nehme es vorweg, der Mensch Meinhard Mengel war auf Anhieb sympathisch. Da stand, als er seinem jagdlichen Gefährt entstiegen war, ein kleiner großer Mann, dessen beachtlicher Bauchumfang auf eine lukullische Leidenschaft schließen ließ. Unter dem kurz geschorenen, vollen Grauhaar grüßten blau und lustig funkelnde Augen aus einem freundlichen Gesicht, darin eine scharf gebogene wie geschnittene Nase, darunter ein gepflegter, kurz geschorener blonder Schnauzbart. Eine beredte Sprache zeugte von zivilisierter Bildung und, das stellte ich binnen kurzer Zeit fest, von großer Herzensbildung: großzügig, hilfsbereit, höflich, fleißig und zuverlässig. Aber nun soll man nicht meinen, dass Meinhard keiner Fliege etwas zu Leide tun könnte. Nein, das Gegenteil ist der Fall. Wer ihm verquer kommt, der wird seine Wahrhaftigkeit und Wehrhaftigkeit zu spüren bekommen. Aber seine Hilfsbereitschaft ist grenzenlos und generös. Jagdneid, diese gallig-grüngelbe Geißel der grünen Zunft, ist ihm eine unbekannte Vokabel, und beizeiten hat man den nachdrücklichen Eindruck, dass Meinhard der jagdliche Erfolg seines Mitjägers wichtiger sei als ihm der eigene. Doch ist er voller Passion, detaillierter Planung und verfügt über außergewöhnliches Sitzfleisch! Er kennt die Schliche und Wege seiner Vagabunden, er kennt seine „Plettenberger" alias „Pappenheimer" – da geht der Fuchsrüde mit der Stummelrute, dort die schlanke, elegante Fuchsfähe, hier ein putziger Waschbär, drüben grummelt der fette Dachs. Und überhaupt haben es ihm die Marder angetan. Denen gilt seine Hege mit der Büchse und Flinte, kein Aufwand ist ihm über. Peinlich genau notiert er jedes Mal die Bestände an Hühnereiern und Luderbrocken aus seinen Geschenktruhen am jeweiligen Luderplatz. Nach einem ausgeklügelten System werden die Brocken verteilt, wird der Locktisch gedeckt, wird der Vorlieben der Marderartigen Rechnung getragen, indem auch erlaubte „Leckerlis" als Liebesgaben aufgetischt werden. Im Rahmen des jagdlich und jagdrechtlich Zulässigen. Und überall gibt es frisches Wasser in sauber gehaltenen Tränken, dort wo freies Wasser fern ist. Da wundern sich viele Waidkameraden, wie Meinhard bei einer Reviergröße von etwas über 100 ha zu so enormen Jahresstrecken an Raubwild kommt. Und alles ohne Fallenjagd! Es ist der steten Mühsal, die er sich über das gesamte Jagdjahr antut, geschuldet, seiner Schießfertigkeit und seinem unermüdlichen Ansitzen. Jetzt höre ich den einen oder anderen monieren, dass die Pirsch das höchste Tun der Jagd sei. Dem ist wohl so, aber für eine waidgerechte Ausübung der Pirsch, bei der das Wild nicht ungebührlich gestört und das Revier leer gepirscht wird, braucht es neben der Kunst des Pirschens entsprechende Revierverhältnisse. Sind diese nicht gegeben, und ist die regelmäßige Pirsch gar kontraproduktiv, dann braucht es den Ansitz. Und den muss man auch können, um erfolgreich und störungsarm zu jagen. Meinhard kann Ansitz!

Das Raubwild läuft, auf der Suche nach einem schnellen Happen, zielstrebig zum Luderplatz und tut sich dort gütlich. Eine Fotofalle dokumentiert die meist nächtlichen Raubzüge, zeigt die Menge der Füchse, Dachse, Marder und Waschbären wie auch der Sauen, die sich abwechselnd oder gemeinsam, mal mehr, mal weniger friedlich, den Genüssen widmen. Im Winter, bei Schneelage, braucht es dieses digitale Hilfsmittel nicht, da verraten die analogen Spuren im Schnee, wer in der Nacht seine Aufwartung machte. Wenn denn nicht Meinhard vor Ort saß und mit Beute heimkehrte ... Und er kann lang und ausdauernd sitzen, da wird ihm kein Ansitz zu öd, wenn die pelzige Beute lockt. Es ist dann und wann schon möglich, dass er mit zwei oder drei gestreckten Rotröcken gen Heimstatt zieht. Oder mit Marder, Fuchs und Dachs – dem Royal Flush der Raubwildjagd. Der Mond ist ihm ein treuer Begleiter, wie auch das weiße Hemd der Landschaft. Aber am liebsten waidwerkt er auf Marder. Und da ihm diese Jagd über alles geht, auch wenn die schwarzen Gesellen der Nacht, die Borstigen, ihm lukullisch sehr am Herzen liegen, ist er sehr genau mit der Platzierung des Eies. Da muss das Hühnerei ein jedes Mal am exakt selben Platz und vor allen Dingen in derselben Ausrichtung liegen, denn der Marder sei da empfindlich. Wehe, ich legte das Ei mit der langen Achse so ab, dass der Marder nicht quer zum ansitzenden Jäger das Ei aufnehmen müsste ... Da konnte Meinhard schon einmal recht „indigniert“ reagieren. Aber es ist ja auch verständlich, wenn man wie er so viel Akribie und Sorgfalt und Zeit aufwendet – da darf man schon einmal penibel sein, damit der Erfolg nicht an Nichtigkeiten, die tatsächlich Wichtigkeiten sind, scheitert. Sorgfältig verteilt richtet er die „Leckerlis“ an. Nichts wird handschuhlos angefasst, ordentlich werden die dargereichten Luderstückchen eingegraben und mit klackernden Steinchen und Stöckchen abgedeckt – da wacht man vom Geklapper am Luderbrocken auf, sollte sich einer der Sohlengänger auf leiseste Art genähert haben und

ohne dass man seiner vorher ansichtig wurde. Aber Meinhard kennt seine besagten „Plettenberger" genau, er weiß, wann und wo sie kommen. Und dennoch ist nicht jeder Ansitz gleich, nicht jeder Ansitz von Erfolg gekrönt. Beileibe nicht! Zu vielfältig sind die Imponderabilien durch Wind und Wetter und Wild. Doch Meinhard wäre nicht Meinhard, würde er sich davon entmutigen lassen. Nein, seine Passion schiebt ihn auch oder gerade bei nicht idealen Bedingungen nach draußen – das ist eines seiner Erfolgsrezepte, um eine erhebliche Raubwildstrecke zu erzielen. Gerade bei Sauwetter kommen nicht nur die Sauen, sondern auch die Räuber! Wer daheim auf dem Sofa hockt, kann nicht erfolgreich jagen und Beute machen. Und wenn dann noch das Licht der Schweinesonne leuchtet, oder das weiße Schneehemd liegt, dann sitzt einer mit Sicherheit auf Räuber an – Meinhard der Raubwildjäger.

Abenteuer auf der Farm Marigold

Im Gepardenland

Derer v. Schumann sind seit fünf Generationen in Deutsch-Südwest, Südwestafrika und Namibia ansässig. Vetter Hans-Wolf v. Schumann ist Eigentümer von Marigold, einer Jagd- und Gästefarm nahe Omitara im Bezirk Gobabis. Seine Berufstätigkeit: Berufsjäger, Bogenjäger, Farmer. Seine Berufung: Hege, Erhaltung, Bewahrung. Seine Unternehmung: Omupanda Jagd Safari.

Vorname und Passion hat Hans-Wolf, alle nennen ihn Wolfi, von seinem Urgroßvater Hans-Wolf v. Prittwitz, meinem Großvater, geerbt. Meine Großeltern wanderten 1909 nach Deutsch-Südwest aus. Bei der Ankunft trat Großvater Hans-Wolf der Schutztruppe bei und konnte unter Vorzugsbedingungen Farmland erwerben. Nach einigen Irrungen und Wirrungen der Kolonialverwaltung kauften und bewirtschafteten meine Großeltern nahe Omaruru die Farm Omburo I. Zwanzig Jahre später kam die Nachbarfarm Omburo II, genannt

Omborombonga, hinzu. Hans-Wolf wurde einer der führenden Züchter von Karakulschafen in Südwestafrika. Die Persianer-Felle wurden in London, Leipzig und Petersburg gehandelt. Während des Ersten Weltkrieges war er u. a. Adjutant von Major Victor Franke, dem legendären Kommandeur der Schutztruppe in Deutsch-Südwest. Während des Zweiten Weltkrieges war mein Großvater Hans-Wolf erst im Sammellager Klein Danzig bei Windhuk, dann sechs Jahre in Südafrika im Lager Andalusia (heute Jan Kempdorp) in der Provinz Nordkap interniert.

Die Kapitulation der Schutztruppe im Ersten Weltkrieg, die sein Schwippschwager Hans Bogislav Graf v. Schwerin als zuständiger Ziviladjutant und Geheimsekretär des letzten Gouverneurs von Deutsch-Südwest, Dr. Theodor Seitz, vorgeschlagen und verhandelt hatte, erlebte Hans-Wolf im Busch, seine Frau, meine Großmutter Charlotte, geb. v. Heynitz mit drei Kindern bei ihrer Schwester in Windhuk auf der Heinitzburg – heute neben der benachbarten Schwerinsburg Wahrzeichen Windhuks. Nach der Kapitulation kehrten meine Großeltern 1915 auf die von den Besatzern völlig geplünderte Farm Omburo zurück. Während der wüsten Kriegszeiten führte Charlotte die Farm notgedrungen alleine. Großmutter Charlotte war eine tüchtige Farmersfrau, hart wie Kameldornholz, gestählt durch die Entbehrungen dieses derben Landes und herben Lebens. Hart gegen sich selber und hart gegen andere. Besonders in jener Zeit war das Farmleben kein Zuckerschlecken. Während seiner vierzig Jahre auf der Farm, Großvater Hans-Wolf verstarb bereits 1949, angeblich an den Folgen der jahrelangen Internierung im Lager Andalusia, musste er den wertvollen Viehbestand – Rinder, Karakulschafe, Ziegen, Hühner – oftmals gegen Raubwild verteidigen. Hans-Wolf erlegte oder fing einige Leoparden. Charlotte dagegen, in der erzwungenen Abwesenheit des wehrfähigen Ehemannes, ohne Farmverwalter und ohne von den Alliierten beschlagnahmte Schusswaffen, schlug, lediglich mit einem Holzknüppel und ihrer Wut armiert, mehrere Geparden, die in den Schafkraal eingedrungen waren und Schafe rissen, erfolgreich in die Flucht. Das sollte jemand ihr erst einmal nachmachen!

Etwa achtzig Jahre später steht Vetter Wolfi vor einem ähnlichen Problem. Marigold liegt in einem Hauptstreifgebiet der Großkatzen, wie ein internationales Forscherteam von Wildbiologen zusammen mit dem Leibniz-Institut eindrucksvoll per Satellitenaufzeichnung und Telemetrie aufzeigt. Auf Wolfis Farm stehen zwei massive Kastenfallen, mit denen die Forscher Katzen fangen und besendern. Wolfi hat auf seinem Farmgebiet – Gott sei Dank im Sinne der Art – viele, sehr viele Geparden. Einige Spielbäume der geschmeidigen Katzen und deren Kratzspuren legen beredtes Zeugnis ab. Dazu gesellen sich hier und da Leoparden. Es gibt seltene Begegnungen und Fotofallenzeugnisse mit der scheuen, aber wehrhaften Raubkatze. Pfund für Pfund, so sagten mir einige Experten, Biologen und Ranger, sei der Leopard gefährlicher als der Löwe. Ich finde es interessant, dass der südamerikanische Vetter des Leoparden, der Jaguar, obwohl wesentlich kräftiger und massiver, nicht potentiell gefährlich für Menschen sein soll, sehr wohl aber der grazilere Leopard. Beide Großkatzen, wie alle Katzen, sind hinreißende Tiere. Entsprechend groß sind Respekt und Faszination.

Auch Rotluchs, braune Hyäne und die überaus zahlreichen Schabrackenschakale, von uns scherzhaft „Schack-Aale“ genannt, ziehen ihre Spuren auf der Farm. Besonders zur Dämmerung kann man die Rufe der Schakale weit hören. So markieren sie unter anderem ihr Revier. Eine heile Raubwildwelt, so möchte man meinen. Aber der Farmer, der von und mit seinen Farmtieren und dem Wild lebt, beides hütet und hegt, der unter Trockenheit, Dürre und Seuche leidet, der hat etwas andere Gedanken, dem ist nach gezieltem Regulieren, nicht nach weiterem Aderlass. Wut hat er im Bauch, wenn Schakale einer kalbenden Kuh das noch im Gebärmutterkanal steckende, das noch nicht ganz geborene Kalb heraus- und in Stücke reißen. Und Schakale gibt es wie Sand am Meer der Kalahari und der Namib. Viele Schakale sind von der Räude geplagt. Wir kennen das vom Fuchs, wenn er zu zahlreich wird. Also Feuer frei! Geparden aber, die international mit Recht einen höheren Schutzstatus verliehen bekommen haben, da der Mensch ihren Lebensraum beschneidet, zerschneidet, vernichtet, die müssen geschützt und behütet werden. Gleichzeitig müssen sie in Problemzonen, wie auf Marigold, reguliert werden. Mit Augenmaß und unter Maßgabe des Naturschutzes. Kein leichter Spagat. Irgendwie erinnert das entfernt an die Problematik mit dem Wolf in Deutschland …

Es ist Juli 2018. Tristan macht ein dreiwöchiges Praktikum auf Marigold: Farmarbeit und Jagd – das nenne ich ein Praktikum! Und ich gehe nur zur Jagd – auch eine Art von Beschäftigung, und nicht die Schlechteste! Seit unserem letzten Familienaufenthalt auf Marigold im Herbst 2017 haben einige Geparden den Viehbestand dezimiert und sich auf Rind und Schaf spezialisiert: Allein im letzten Halbjahr fielen 40 Kälber und Schafe den Großkatzen zum Opfer. Bei einer Herde von 500 Rindern ist das ein erheblicher Aderlass und langfristig nicht tolerierbar, finanziell nicht tragbar. Trotz der genehmigten Katzenabschüsse, die Wolfi tätigen konnte, bleiben die Rissverluste an Farmtieren und Wild hoch. Wolfi vermutet eine große Katze und bittet Tristan und mich um jagdliche Unterstützung. Leichter gesagt als getan, denn trotz hoher, gesicherter Bestandszahlen sind die Katzen selten zu sehen. Während Schakale häufig in Anblick kommen, sind Geparden kaum, Leoparden noch seltener leibhaftig zu beobachten. Aber sie sind da! Genau wie der Rotluchs. Aber nachts sind alle Katzen grau …

Dann überschlagen sich die Ereignisse, unsere erbetene Hilfe wird schneller eingefordert als erwartet. Vor etwas über einer Woche verletzte eine braune Hyäne ein Rinderkalb schwer an Hinterlauf und Kruppe, das Kalb konnte mit Herdenschutz gerade noch entkommen. Tagtäglich versorgen Wolfi und seine Farmarbeiter die Wunde des Kalbes. Arg humpelnd bleibt es direkt am Farmhaus bei seiner Herde. Vor zwei Nächten dann reißt die große Katze das Kalb nahe der Werft, in der die Farmarbeiter wohnen. Eine unruhige Nacht ist es für die Familien, die das Getöse anhören müssen. Wolfi erfährt am frühen Morgen durch Chefkoch Josef von dem Massaker. Der lang aufgeschossene Josef, sonst eine treue, furchtlose Seele und ein hervorragender Chef, traut sich in pechschwarzer Nacht nicht aus der Werft zum nahen Farmhaus, um Meldung zu machen, da er befürchtet, in der dunklen Nacht vom Farmbesitzer für die Raubkatze gehalten oder selbst ein Opfer der Katze zu werden … Jedenfalls ist guter Rat teuer.

Alle Pläne des Tages für Praktikum, Farmarbeit und Jagd werden über den Haufen des bedauernswerten Kalbkadavers geworfen. Be-

rufsjäger Wolfi gibt die jagdliche Marschroute vor. Er ist der Meinung, dass die Katze nach dem Riss Durst haben und daher die nächste Wasserstelle am Eulenposten aufsuchen wird. Oder sie wird den Spielbaum anlaufen. Um gezielt auf die Katze anzusitzen, beordert und befördert er Tristan zum Ansitz am Spielbaum, mich schickt er zum Eulenposten. Am Eulenposten baue ich geschwind einen gut getarnten Erdsitz in und unter eine Akazie. Der Wind steht mir auf die Nase. Ideal! Zwölf Stunden halten wir beide aus, zwölf lange Stunden, die Tris und mir nicht lang werden. Aber von der Großkatze fehlt jede Spur! Tristan hat Oryx und Warzenschweine vor, bei mir tummeln sich an der Tränke nacheinander und zusammen Oryx, Warzenschweine, ein Duiker, ein Steinbock, mehrere Kudus und vier Schakale. Ich fass es nicht: Vier Schakale kommen schussgerecht zum Wasser! Und alle „Schack-Aale“ muss ich des übergeordneten Zieles wegen pardonieren – es ist ein schweres Los im afrikanischen Busch!

Einmal denke ich: „Jetzt kommt der Gepard!“ Ich habe gerade einen mächtigen Keiler vor, einen Goldmedaillenkeiler mit einer Wahnsinnsauslage der Waffen wie noch nie gesehen. Er kommt mit steilem Steert im Bogen auf eine Rotte Schweine zu, da macht der Olympiakeiler plötzlich einen Zacken nach links, flitzt wie Usain Bolt davon, nimmt alles andere Wild mit: Alles rennet, rettet, flüchtet! Die Wasserstelle ist leergefegt. Nur eine braune Staubfahne steht im Wind. Wind hat der Keiler von mir nicht gehabt. Was also? Wo kommt der Gepard? Wo steckt er versteckt? Aber er kommt nicht, nicht an diesem Morgen, nicht an diesem Tag, nicht an diesem Abend. Später, zurück auf der Farm, sitzen wir am Lagerfeuer und Wolfi erzählt, dass ein starker Rotluchskuder seinen Einstand in der Nähe des Eulenpostens habe. Vielleicht war es seine Düse, die dem Goldmedaillenkeiler nicht gefiel. Oder doch die des Gepards? Oder vielleicht sogar der Geruch des Leoparden in seinem heimlichen Versteck?

Im Herbst 2017 hatten Tristan und ich auf dem Hochsitz an der großen Pfanne, der Gepard-Pfanne, angesessen. Gemeinsam beobachten und jagen ist halt am schönsten. Und es ist dies ein schöner Flecken Erde mit langem, gelbem Gras und weiter Sicht hinein in das flache Tal. In der Regenzeit steht hier oftmals eine große Regenlache, bei ausreichend anhaltendem Niederschlag manchmal sogar ein See. Dann ist das Gras üppig und grün. So wie jetzt im Frühjahr 2021, da ich diese Zeilen niederschreibe. In der Trockenzeit, so im Herbst 2017, lockte eine Wasserstelle zu aller Tages- und Nachtzeit das dürstende Wild zur Pfanne, besonders in den Morgen- und Abendstunden. Just in der späten Abenddämmerung sah ich plötzlich eine Bewegung am jenseitigen Rand, wo die ansteigende Grassavanne sich im Busch verliert. Eine große Katze schob sich rückwärts aus einem Kameldornbusch. Erst meinte ich, es sei ein Rotluchs, der einen Bau revidierte, flüsterte schnell mit Tristan. Dann erkannte ich eine gefleckte Katze, die augenblicklich im dichten Gestrüpp verschwand. Ob er sie gesehen habe, raunte ich Tristan zu. Alles ging recht schnell, das Licht war suboptimal, Tristan konnte leider nicht mehr zur Aufklärung beitragen. Aufregend war es allemal. Damals war ich überzeugt, einen Leoparden gesehen zu haben. Oder war etwa der Name der Pfanne ein Omen? Also doch ein großer Gepard? In jedem Fall ein aufregendes Erlebnis!

Nach unserem langen, vergeblichen Ansitztag ist Wolfi am folgenden Morgen zeitig in der Gepard-Pfanne zu Gange – er will den Grenzzaun zur Nachbarfarm reparieren. Es ist der 10. Juli 2018. In der Pad entlang des Zaunes stehen allerhand Fährten und Spuren im Sand – die Spur eines Gepards! Es ist nicht weit zum Eulensitz! Also hier treibt er sich herum. Es ist klar, wo ich am Abend sitzen werde. Wolfi drückt mir eine zum Bergstutzen umgebaute Blaser Bockbüchsflinte in die Hand, Kal. .222 Rem und 8x57IRS. Am Nachmittag steuere ich den Toyota Hilux Pickup zum Eulenposten, passiere den Posten, dann das Windrad, fahre gen Südwesten auf der Sandpad, die direkt zur Gepard-Pfanne führt. Es herrscht Ostwind – eigentlich ist es nicht gut, mit dem Wind anzufahren und anzugehen. Aber es ist noch früh am Nachmittag, mal schauen, da kann sich noch alles beruhigen und vieles tun. Ich parke den Pickup einige Meter im Busch, sodass die Karosse leidlich getarnt steht und nicht die ganze Gegend verblitzt und rebellisch macht. Dann gehe ich etwa 400 Meter zur Kanzel, erst auf der Pad, biege dann in den locker stehenden Busch ab und gelange zur südlich am Pfannenrand postierten Ansitzeinrichtung. Etwa 60 Gänge vor dem Hochsitz liegt inmitten der Ebene der Wassertrog, der von dem auf halber Strecke zum Eulenposten stehenden Windrad gespeist wird. Es ist 16:30 Uhr, eine angenehm kühlende Brise weht aus Ost, also von rechts aus der Richtung des abgestellten Wagens und entlang der Pad. Nach einer Weile fällt mir auf, dass im Gegensatz zu den vorherigen Tagen kaum Wildbewegung zu beobachten ist! Die Zeit vergeht, Aufmerksamkeit weicht Entspannung, Wachsamkeit weicht Verträumtheit, und ich denke gedankenverloren an eine gemeinsame Jagd meines Großvaters und Vaters auf Omburo vor fast 85 Jahren. Es war der 18. Juli 1933 …

Okuwiku Rivier auf Omborombonga, vormittags gegen 12:00 Uhr: Mein Großvater Hans-Wolf, Vater Bernhard und der als Wildwart angestellte Ovambo Simon verfolgten einen Leopardenkuder. Gemeinsam wollten sie das fängisch gestellte Tellereisen (!) revidieren – damals war das leider noch eine gängige Fallenart. Bernhard führte eine Suhler Doppelbüchse Kal. 9,3 mm mit Hohlspitzgeschossen (!). Der starke, etwa mittelalte Leopard hatte innerhalb weniger Monate 11 frisch gesetzte Kälber gerissen. Jetzt näherten sich die drei Männer behutsam dem Standort der Falle. Doch die Falle samt Fallenanker war verschleppt und außer Sicht. Vorsichtig und mit schussbereitem Gewehr folgten sie der Schleifspur. Hinter einem Busch und Fels wütendes Fauchen. Und dann sahen sie den mit einem Vorderlauf in der

Falle festsitzenden Kuder. Wütend biss er in das Eisen, um sich zu befreien. Mein Vater setzte aus 30 Meter einen Fangschuss aufs Blatt, der Kuder ruckte kurz, biss wütender in die Falle, zersplitterte dabei seine Fangzähne. Mein Vater war im Begriff, sich umzustellen, um einen weiteren Fangschuss anzubringen, da stürmte der Leopard mit dem schweren Fanggerät am Lauf auf ihn los, überwand den Großteil der Distanz mit drei gewaltigen Sätzen! In den Schädel des anstürmenden Kuders traf der zweite Fangschuss, auf 10 Gänge, ließ die geschundene Kreatur endlich verenden, direkt vor dem Schützen. Der einzige von meinem Vater gestreckte Leopard maß 228 cm über alles. Nach dem Abkochen des Schädels zeigte sich eine alte, schwere, ausgeheilte Schädelknochenfraktur, vielleicht durch einen Nebenbuhler oder eine Oryx beigebracht, sowie das Loch des 9,3 mm Geschosses im Schädel. Die Geschosssplitter des ersten Fangschusses saßen mittig im Herzen des Kuders! Beides bewies einmal mehr die enorme Härte dieser wehrhaften Katzenart, die tatsächlich schon so manchen …

Eine Windhose schreckt mich aus meinen Gedanken auf. Wüst wirbelt der Wind in schneller Drehung über die Ebene. Gelbbrauner Staub rotiert tosend zum Himmel. Fasziniert-besorgt betrachte ich den Weg des rasenden Drehwindes und bin auf alles gefasst. Erst stürmt und heult die Windhose, dann bricht sie urplötzlich in sich zusammen – es herrscht wieder Ruhe in der Pfanne, als wäre nie etwas gewesen. Melodisch rufende Kaptauben vernehme ich jetzt, es ist ein angenehmes Buschkonzert nach dem Getöse. Kein Wild kommt in Anblick. Merkwürdig. Es ist bereits 17:50 Uhr, da erscheint endlich ein Stück. Eine alte Oryx-Kuh überquert, vom jenseitig Rand kommend, die Senke und zieht linkerhand der Kanzel in meinen Wind. Aber Diana scheint gnädig gesonnen, oder die Kuh hat knapp keine Witterung erhalten, jedenfalls ist sie nicht verprellt, wendet, zieht zur Mitte und dann gegen den Wind an die Tränke. Ständig sichert

die Oryx, sie ist extrem wachsam. Sollte sie doch eine Ahnung von mir, einen Hauch vom Jäger Mensch bekommen haben? Aber dann wäre sie längst getürmt. Plötzlich warnt eine Gackeltrappe, ganz nahe! Die Oryx-Kuh, sie ist sichtlich nervös und abwartend, wendet jetzt hin und her, kreist unschlüssig, blickt stier um sich, ihre Lauscher arbeiten pausenlos auf Hochtouren. Meinen Wind hat sie nicht – dort nicht. Unmöglich. Aber von wem oder was? Da flüchtet sie mit seltsam staksigen Läufen, fast wie ein Damhirsch, der Prellsprünge macht, oder mehr noch wie ein Springbock, um zu zeigen: Ich hab dich Räuber erkannt, aber schau mal, ich bin fit, flink und fort. Zügig verschwindet sie dahin, woher sie kam, im jenseitigen Busch. Die Gepard-Pfanne ist wieder leer. Nur die Gackeltrappe warnt unaufhörlich weiter. Was hat sie nur?

Ich blicke mich um und sehe nichts! Es ist 18:10 Uhr. Doch! Da! Na klar! Ein Gepard! Er schnürt auf der Pad, er ist auf dem Pfade eines Jägers, auf dem Pfade des Jägers, zieht jetzt an der jenseitigen Buschkante mit dem Wind in die Senke – die Oryx, die Gackeltrappe …! Deutlich sehe ich die starken Muskeln der Katze am Widerrist arbeiten. Dieser katzenartige, dieser Gepard-typisch elegante Gang! Etwa 120 Gänge sind es, in der Aufregung erscheint es mir viel weiter zu sein. Es bleibt keine Zeit zum Entfernungsmessen, alles erscheint wie in Zeitlupe und geht doch blitzschnell. Der Bergstutzen fliegt in die Schulter, liegt fest an der Wange, ein deutscher Rehbock schreckt dazu, der Gepard verharrt, blickt auf und herüber, und augenblicklich ist die .222 Rem raus. Etwas hoch trifft die Kugel, die Katze bricht schlagartig im Schuss zusammen. Als sie noch einmal ihr Haupt hebt, schieße ich die große Kugel hinterher. Sie liegt. Mit fliegendem Puls und zittrigen Händen lade ich nach, blicke mit dem Glas zur Katze, sie rührt sich nicht mehr. Ich baume ab, blicke mich sorgsam um – kein weiteres Wild, keine andere Katze ist zu sehen. Dann überquere ich die Ebene, lasse den Ort der

Tat nicht aus den Augen und habe auch einen Blick für Busch und Strauch … Beim vorsichtigen Herantreten mit schussbereiter Waffe atmet die große Katze doch noch, schnell gebe ich einen letzten Fangschuss – sie liegt endgültig. Ihre Jagd ist vorbei, und Jagd vorbei …

Als ich bei Dunkelheit mit der Beute auf der Pritsche am Farmhaus ankomme und den Pickup parke, kommt ein Empfangskomitee daher – das Gejaule der heranstürmenden Hunde Arko, Dana und Luna ist grandios. Ebenso die Freude bei Wolfi, seiner Frau Petra und Tris, und endlich auch bei mir, als alle Anspannung der Erlegerfreude weicht! Viel Schulterklopfen, Lachen, Wolfis Lachen und Fotos folgen. Am kommenden Tag schauen alle möglichen Naturschutzbeauftragten, Wildbiologen, Tiermediziner und Farmnachbarn vorbei, bestaunen die drei- bis vierjährige Katze, es werden vielfältige Proben genommen, das Tier vermessen, Protokolle geschrieben, ein Gehör geht für weitere Untersuchungen ins Labor des staatlichen Naturschutzes, den Kadaver erhält das Leibniz-Institut zur weiteren Analyse. Nur den Schädel bedinge ich mir aus, er bleibt wohl präpariert als Erinnerung und Anschauung auf der Farm von Neffe Hans-Wolf – zusammen mit einigen alten Souvenirs von Steinböckchen und Springböcken meines Großvaters Hans-Wolf und meines Vaters Bernhard. Nur der Schädel des Leoparden und die gewundenen Hörner der Kudus domizilieren in meinem Afrikazimmer daheim in Deutschland – Heia Safari.

Die Wette

Auf Karpfen am Otjivero-Damm

Eine gute Stunde Fahrt braucht es von der Jagd- und Rinderfarm Marigold zum Otjivero-Damm im Bezirk Gobabis, Namibia. Ob wir Lust und Laune hätten, auf Karpfen zu fischen, fragt Vetter Wolfi. Klar haben wir Lust und Laune. Und wie. Es ist April 2015, nach achtzehn Jahren Abstinenz von Afrika bin ich heimgekehrt in mein Geburtsland und bei der Familie zu Besuch.

Die Angelei ist dem lizensierten Berufsjäger Wolfi eine angenehme Abwechslung zur Buschjagd. Sie ist für ihn entspannender Ausgleich zur professionellen Jagd – einige wenige der zahlenden Jäger und Jägerinnen sind auf Dauer gewöhnungsbedürftig. Dienstleistung kann mitunter ein schwieriges Geschäft sein, ein Umstand, den ich nur zu gut aus dem Yachting kenne. Als Wolfi am Abend vorher Angelgerät und Köder präpariert, ist er entsprechend fröhlich gelaunt. Mit dem ewigen Glimmstängel im Mundwinkel steht er in der Lapa und bereitet das klebrige Ködermaterial vor: Er knetet

Maispapps, bis dieser eine Konsistenz hat, dass er in den spiralförmigen Lockkörben im Wasser gut halten und die Karpfen sicher anlocken wird.

Als Wolfi vorschlug, zum Fischen zu fahren, waren wir – das sind meine älteren Söhne Maxi und Trissi sowie mein Bruder Falko und sein Filius Nikolaus – sofort Feuer und Flamme. Wir dachten an Tigerfische, Tilapia oder an andere Raubfische. An Karpfen dachte niemand von uns. Wolfi lächelte nur und meinte, die Karpfen Namibias seien raublustiger und anders als anderswo. Nun bin ich kein ausgewiesener Karpfenkenner und Karpfenangler. Aber das kam mir dann doch etwas „namibisch" vor. Mit schierer Arroganz und Ignoranz verkünde ich, in jedem Fall Angelkönig zu werden und den stärksten Fisch und die meisten Karpfen zu landen. Wolfi grinst sein sympathisches, ansteckendes Grinsen – Top, die Wette gilt.

Als wir mit Sack und Pack losfahren, sind Freude und Erwartung groß. Auch bei den Hunden, DK-Rüde Asko, seine Wurfschwester Dana und Labrador-Hündin Luna, die hinten auf der Pritsche zwischen unseren Angelsachen und dem sonstigen Geraffel ein Plätzchen haben, ist freudige Spannung zu spüren. Aufgeregt stecken sie ihre Nasen in den Fahrtwind. Erst geht es auf der Sandpad durch mehrere Farmen, wir öffnen und schließen Dutzende Farmtore, stoßen schließlich auf die breite Schotterpiste der Transkalahari-Route, dann weiter nach dem Flecken Omitara, wo die Schotterstraße den wasserlosen Weißen Nossob quert und in eine geteerte Straße mündet. Beim „general dealer", dem lokalen „bottle store", halten wir an, tanken und kaufen kühles Windhuker Bier. Wirklich alles gibt es hier zu erstehen. Wir amüsieren uns über die Bezeichnung „general dealer", denn in unserem Sprachgebrauch hat „general dealer" eine etwas andere, anrüchige Bedeutung. Wir passieren Omitara, lassen die armseligen Wellblechhütten hinter uns und biegen dann in das

Wasserschutzgebiet ein. Am Eingang gibt Wolfi dem schwarzen Keeper eine komplette Keule von der Oryx – schwarz-weiße Brüderschaft. Meine Jungs sind derweil mächtig empört, dass die kleinen Kinder des Keepers gar nicht tierfreundlich mit den Ziegenlämmern umgehen – mit aller Macht ziehen sie denen nicht nur die „Hammelbeine" lang, dass die armen Biester ständig klagen. Des einen Freud, des anderen Leid. Unsere Hunde knurren unwillig dazu – nur gut, dass die Kinder des Keepers ihren böswilligen Schabernack hinter einem massiven Zaun treiben.

Als wir am Otjivero-Damm ankommen, öffnet sich ein atemberaubendes Panorama: Umgeben von steinig-steilen Hügeln liegt inmitten des Tales der azurblaue Stausee, der Weiße Nossob gestaut von einer hohen, grauen Betonmauer und umrahmt von hellfarbengelbem Sandstrand, auf dem weiße Pelikane stehen – eine Postkartenidylle. Von den Südafrikanern erbaut, dient das Reservoir der Wasserversorgung Windhuks. Die Südafrikaner waren es auch, die das Gewässer mit Karpfen besetzten. Wir fahren auf den Strand. Eine kühlende Brise geht, das ist gut so, denn vom blauen Firmament brennt die Sonne erbarmungslos herab auf uns Menschengewürm. Erwartungsvoll schauen wir aufs Wasser. Plötzlich sehen wir einen Fisch springen. Und noch einen. Und schon wieder. In regelmäßigen Abständen. Wolfi erklärt, dass es Karpfen seien, die sich von Parasiten befreiten. Ein Blick durch den Feldstecher gibt Gewissheit: Tatsächlich sind es Karpfen, die da wie Forellen springen. Die hiesigen Karpfen sind wohl wirklich anders als anderswo.

Wir stehen barfuß im Wasser, es kühlt angenehm, aber bald sind unsere Füße mit kleinen Egeln bedeckt. Die Hundemeute zieht es mit Macht ins Wasser, wild toben sie im süßen Nass. Sie stören sich nicht an den Egeln, die harmlos seien, meint Wolfi. Aber ich halte meine Füße fortan lieber aus dem Wasser heraus. Gott sei Dank gibt es hier keine Krokodile – in dem Fall wäre die Angelei eine andere Angelegenheit, und die Hunde könnten nicht im Wasser planschen, oder nur einmal. Obwohl, kann man sicher sein mit dem Vorkommen von Nilkrokodilen?

Eine Geschichte erinnere ich, die Onkel Pix v. Prittwitz, Ende der 1960er bis Anfang der 1970er Jahre zweimal Bürgermeister von Windhuk, mir anlässlich eines Besuches bei ihm und Tante Lorlie in Durban 1987 erzählte: Ein Vater und Sohn waren auf einem krokodilfrei erklärten Damm, also See, irgendwo in Südafrika fischen, als deren Boot kenterte. Der Junge wollte eben ans nahe Ufer schwimmen. Da packte ihn ein dort eigentlich nicht vorhandenes Nilkrokodil. Der Vater sprang vom gekenterten Boot ins Wasser, um seinem Sohn zu helfen, stieß seine Faust in den Rachen des Ungeheuers, in dem der Junge um sein Leben kämpfte. Der Vater wusste, dass Krokodile eine solide Rachenhaut besitzen, mit der sie unter Wasser Schlund und Luftröhre abdecken, um als Lungenatmer nicht zu ertrinken. Verzweifelt rammte er seinen Arm immer wieder in den Schlund des Krokodils, die Faust in die Rachenhaut. Endlich penetrierte er die Haut, das Krokodil ließ vom Opfer ab. Mit seiner mutigen Tat rettete der Vater seinem schwer verletzten Sohn das Leben und opferte dafür seinen Arm. Die Geschichte war damals in allen Medien, die beiden Männer erhielten aus der Hand des Präsidenten der Republik Südafrika die höchste Tapferkeitsmedaille. Zurück zum Otjivero-Damm: Dort gibt es wirklich keine Krokodile. In Namibia leben sie nur im Caprivi-Streifen und in den Gewässern der nördlichen Grenzregionen. Doch Obacht ist immer geboten …

Denn es kommt oftmals anders als gemeinhin angenommen. Im Jahr 1987 hatten Jugendfreundin Koko und ich eine Safari durch Südafrika gemacht. Einen Gutteil unserer Zeit verbrachten wir im Krüger Nationalpark. Es war im Nordteil des Parks südlich vom Camp Punda Maria, in dem wir zu übernachten gedachten, es war Nachmittag und es war heiß, sehr heiß. Unser Leihwagen hatte keine

Klimaanlage, und so schwitzten wir vor uns hin, als wir die letzte Stunde vor Schließung des Camps an einem kleinen See standen und Flora und Fauna betrachteten. Koko war es sehr heiß, auch ich schwitzte fürchterlich. Trotzdem glaste ich unermüdlich das kleine Gewässer und die Umgebung ab in der Hoffnung, am Abend Antilopen beim Schöpfen am Wasserloch beobachten zu können. Die Sonne schien unbarmherzig ins Gesicht und ins Auto, während das unzugänglich gegenüberliegende grüne Seeufer kommod im Halbschatten einer Abbruchkante lag. Außer einigen Vögeln – Hammerköpfe, Ibisse, Silberreiher und Kaptauben – waren keine Tiere zu sehen. Koko war ungnädig, denn ihr war zu heiß. Sie wollte sich dann mal eben im Wasser erfrischen. Empört und mit erhobener Stimme verbot ich ihr jegliches Bad. Was folgte, war eine gereizte Auseinandersetzung ob meiner vermeintlichen Bevormundung. Schließlich hatte ich genug und erklärte, das es – abgesehen vom generellen Verbot, ein Fahrzeug im Park außer in den wildsicher umzäunten Camps zu verlassen – zwei weitere, wichtige Gründe gäbe, nicht baden zu gehen: winzig kleine Saugwürmer, die in stehenden Gewässern leben, unbemerkt durch die Haut eindringen und die lebensbedrohliche Krankheit Bilharziose bzw. Schistosoma übertragen; sowie Krokodile, die selbst in kleinsten Tümpeln vorkommen können. Eben an so einem Wasser standen wir und stritten. Koko lachte mich aus und meinte, es gäbe in dem Tümpel keine Echsen. Wir stünden ja schon eine Stunde da und hätten kein Krokodil gesehen. Dann schwieg sie beleidigt, auch ich maulte vor mich hin. Koko ging also nicht baden. Als die Sonne hinter der Steilkante verschwand, wurden Temperatur und Stimmung im Wagen endlich erträglicher. Das gegenüberliegende Ufer war nun ein Farbbrei einheitlicher Olivtöne. Ich schaute und guckte, um anwechselnde Antilopen frühzeitig zu entdecken. Wir standen eine geschlagene Stunde am Wasserloch und hatten nur noch ein paar Minuten Zeit zur Beobachtung, bevor es galt, zum Camp aufzubrechen, wollten wir nicht zwangsweise im Auto übernachten. Plötzlich sah ich einen größer werdenden, orange-gelben Fleck im dunklen Oliv des anderen Ufers aufleuchten. Das Orange-gelbe war vorher noch nicht da gewesen. Ich schaute durch mein Glas. Der grelle Fleck war der weit geöffnete Rachen eines Krokodils, das ich erst jetzt wahrnahm, obwohl es die ganze Zeit am Ufer gelegen haben musste. Wir hatten bereits seit einer Stunde geschaut, trotzdem war es doch kein Baumstamm gewesen. Ich meinte lapidar zu Koko, dass drüben der Grund wäre, warum sie nicht baden gehen dürfe, und deutete auf den Fleck – Koko war mir danach gar nicht mehr böse.

Drei Jahre später, als ich mit meiner späteren ersten Frau Corinne hier stand, war der Tümpel nach ausgebliebener Regenzeit trocken gefallen. Krokodile können meilenweit über Land wandern, um bei anhaltender Dürre zum nächsten erreichbaren Wasser zu gelangen – meistens tun sie das zur Nachtzeit, oder sie graben Höhlen in die Uferböschung, wo sie sich bis zur nächsten Regenzeit verbergen und schützen können. Ist Abwandern und Verbergen nicht möglich, und gibt es nicht bald eine Regenzeit, dann sind die wasserbewohnenden Echsen einem qualvollen Trockentod geweiht. Hier sind die Krokodile des kleinen Wasserlochs wohl beizeiten zum nahen Limpopo River ausgewichen.

Zurück zum Otjivero-Damm – hin zur Staumauer geht der Sandstrand in Gestein über. Große Brocken liegen herum. Laut Wolfi sollen hier die besten Angelplätze sein. Da und dort finden wir dicke Welsköpfe. Einheimische haben die Fische gefangen und geschlachtet. Der Größe der Köpfe nach zu urteilen, können es die Schlammbewohner zwar nicht mit den Flussmonstern des spanischen Ebro aufnehmen, aber begegnen wollte ich ihnen bei einem Tauchgang auch nicht unbedingt. Wir sind ja eh auf Karpfen aus – der Wette wegen. Doch Schlaumeier Wolfi hat etwas Wildleber mitgebracht.

Mit Leber fängt man Welse! Und dann eröffnet er uns, dass er, sollte er einen Wels fangen, diesen zu einem früher gefangenen Kumpan in eines der Wasserbassins seiner Farm entlassen wolle; denn Welse hielten die großen Rundbecken perfekt sauber.

Bald stecken unsere Ruten in Rutenhaltern, der Wettkampf kann beginnen. Wolfi weist mir einige Stellen zu und meint, dass das die besten Stellen zur Karpfenangelei seien. Ich bin misstrauisch, denn sein verschmitztes Grinsen ist mir nicht entgangen. Außerdem angelt Wolfi gerade an diesen Stellen nicht! Lieber suche ich mir ein eigenes Plätzchen zwischen den Steinen, das mir gut und günstig scheint. Wolfi lacht noch immer sein ansteckendes Lachen, aber wer zuletzt lacht, lacht am besten, denke ich mir! Immer wieder springen Karpfen, allerdings weiter draußen. Das hebt die Stimmung einerseits, denn Fisch ist genug da, aber wie komme ich den Karpfen bei? Andererseits machen mich die ewig springenden und Kringel platschenden Karpfen ganz kirre.

Am anderen Ufer schwimmen weiße Pelikane auf dem blauen Wasser, malerisch und majestätisch wie Schwäne. Das Bild erinnert

an eine Bühnendekoration zu Tschaikowskys Ballett Schwanensee. Die Pelikane fischen besser als ich. Immer wieder reckt einer nach dem anderen den Hals und aus dem Kehlsack flutscht ein Fisch in den Magen. Ab und an fliegen sie auf, wie auf Kommando, segeln um den Stausee, um dann an anderer Stelle wieder im Wasser zu landen. Es sind wohl Aufklärungsflüge, um für das leibliche Wohl durch frischen Fisch zu sorgen. Auch mein Bruder Falko kümmert sich wie immer engagiert um das leibliche Wohl – das Braai, der südafrikanischen Variante des Barbecues. Anders als die Fische fangenden Pelikane legt Falko lieber eine dicke Rippenseite vom Lamm auf den Grill, anstatt auf unser Angelglück zu hoffen. Der Duft ist verführerisch, könnte einen Angler absolut vom Angeln abhalten, aber es gibt ja die Wette! Mein Patensohn Nikolaus schießt Fotos von den überreich vorhandenen Motiven – er ist außerordentlich begabt in diesem Metier, es ist sein Beruf! Maxi und Trissi fangen derweil Krebse, die zu Hauf unter und in den Steinen leben. Dazu haben sie ein Stück Leber angebunden und ziehen die gierigen Krebse aus ihren Verstecken hervor, indem sie geschickt eine Schlaufe über deren Scheren stülpen – Maxis Technik. Mit Speck fängt man Mäuse, mit Leber Krebse. Und Welse … Am selben Abend, nach unserer Ankunft auf der Farm, wird Wolfis Ehefrau Petra die Krebse in Wasser und ein wenig Essig zubereiten – ein köstlicher fruit-de-mer-Schmaus à la Otjivero auf Marigold!

Wolfi guckt mich so komisch an und fragt schelmisch, ob ich denn schon einen Biss gehabt hätte. Ich schüttele den Kopf, blicke etwas mürrisch auf die Stellen im Wasser, wo die Karpfen springen, als meine Angel zuckt und rupft und sich dann mit aller Macht biegt. Heidewitzka! Hastig stolpere ich über die Steine zur Rute, rutsche fast in eine tiefe Spalte, und die Post geht ab. Gott sei Dank nicht der Fisch! Hei, wie die Rolle surrt und schnurrt, der Fisch am anderen Ende scheint ein mächtiger Brocken zu sein. Aus dem Augenwinkel sehe ich Wolfis überraschten Gesichtsausdruck. Der Fisch zieht kräftig Schnur von der Rolle. Wolfi kommt indes mit dem Netz zu Hilfe, aber so weit ist es noch nicht, denn der Fisch steckt weit im Wasser. Im Zick und Zack zieht er wie eine Bulldogge, aber ich lasse die Rute arbeiten und langsam drille ich den Fisch heran. Ich grinse, Wolfi grinst, alle grinsen! Selbst Falko verlässt kurzzeitig das Braai, bei ihm normalerweise ein undenkbarer Vorgang, geradezu ein Sakrileg, Essen alleine zu lassen. Und das will was heißen, dass mein Bruder kommt! Unten im Wasser schimmert es gelbbraun, manchmal blitzt es auch, wenn der Karpfen seine Flanke zeigt. Aber noch ist er „grün", weiß sich zu wehren, zieht flink wieder Schnur ab, doch seine Fluchten werden kürzer, bis er schließlich vor dem Kescher steht und im Netz landet. Und dann ist der erste, der größte Karpfen des Tages gelandet. Wolfi lacht, ich lache, wir freuen uns gemeinsam – Top, die Wette gilt.

An jenem Tag habe ich unerhörtes Petri Heil, das Glück des unwissenden Großmauls – drei weitere Karpfen gehen mir noch an den Haken. Mein erster bleibt der größte gelandete Karpfen, denn Maxi hat zwar einen Mordskracher dran, kann ihn aber nicht landen. Wolfi hat nur einen kleinen Karpfen gefangen, gewissermaßen ein Kärpfchen. Ich griene. Als es gegen Abend geht, wähne ich mich schon als Angelkönig und triumphiere, denn gemäß der Wette habe ich den größten und die meisten Cypriniden gehakt. Doch es ist noch nicht aller Tage Abend, und erst am Abend wird die Rechnung gestellt. Denn, kurz vor Ultimo, in der späten Abenddämmerung, macht Wolfi in schierer Verzweiflung einen letzten Wurf – „one last cast"! Kaum ist der Haken mit dem Karpfen-Boilie im Wasser, geht die Schnur stramm, krümmt sich die Rute, Wolfi pariert wilde Schläge. Neugierig kommen wir hinzu und wollen den dicken Karpfen sehen, da landet Wolfi doch tatsächlich einen mächtigen Monsterwels! Mit Boilie! Das gibt es doch gar nicht! Es folgen viele

„high fives“, Petri-Heils und viel Lachen. Wolfis ansteckendes Lachen! Der Wels ist so groß, dass wir ihn nur mit Müh und Not in die größte Kühlbox bringen und zur Farm transportieren können. Doch am glücklichen Ende schwimmt der Boilie-Wels im Bassin mit seinem Kumpan. Und meine Cypriniden landen auf der Werft in Pütt un Pann der Farmangestellten – bis spät in die Nacht lodern ihre Feuer in den Himmel, an denen die Karpfen verspeist werden.

Wer aber hat nun die Wette gewonnen? Wohl habe ich den stärksten und die meisten Karpfen gefischt, aber der verschmitzte Wolfi hat doch tatsächlich den stärksten Fisch gelandet. Und ich hatte unsauber formuliert und vom stärksten „Fisch“ statt vom stärksten Karpfen gesprochen. Der Punkt geht also an Wolfi. Aber die meisten habe ich gefangen. Dieser Punkt geht also an mich. Es gibt zwei Angelkönige im Reich der Fischer und des Anglerlateins – so einigen wir uns vergnügt am nächtlichen Lagerfeuer. Top, die Wette gilt! Um nun der Lobhudelei ein Ende zu bereiten – bei weiteren Aufenthalten am Otjivero-Damm wird es Tage geben, an denen ich nicht einen einzigen Karpfen, geschweige denn einen anderen Fisch fange, der gute Wolfi aber einen nach dem anderen landet. Top, auch diese Wette gilt.

Jagen ohne Hund

Das Keilerchen

Zurück in Deutschland – seit einigen Tagen haben die Schwarzkittel am Wegrain unterhalb der Wolfgangkanzel gebrochen: ein untrügliches Zeichen, dass die Sauen nach langer Absenz wieder im Waldgut Böhl bei Plettenberg stecken. Und so will ich den Stab über den Sauen brechen – an der Kirrung sollte doch was gehen!

Folgerichtig besuche ich die Wolfgangkanzel. Es ist gegen Ende März anno 2019, es schlägt die neunte Stunde am Abend und ich sitze dick eingepackt für eine lange Ansitznacht. Vom klaren Firmament lacht die Schweinesonne, aber hier im Fichtenforst ist es nicht so hell. Schnee ist in diesem März im Sauerland Mangelware. Dennoch ist die Nacht kalt. Ich habe erst kurz angesessen, da springt ein Steinmarder daher. Er ist schlau und vorsichtig; denn er bleibt außerhalb der vertretbaren Schrotschussreichweite. Und für die Hornet ist der Marder zu klein, schließlich wollte ich den Balg verwerten – wenn er denn nicht Schonzeit hätte. Es macht mich ganz verrückt, dass der

Marder sich an den Kirr- und Luderbrocken gütlich tut, ich aber zur Untätigkeit verdammt bin. Vergnügt hupft er von Luderloch zu Luderloch. Aufreizend klingt das Geknurpse herüber, wenn er die Luderbrocken knackt und knabbert. Er kommt einfach nicht in den Nahbereich eines waidgerechten Schrotschusses – der ja unterbliebe. Sein und vielleicht auch mein Glück! Obwohl im Nahbereich die besten Luderbrocken liegen. Und das Hühnerei …! Nach geraumer Zeit, und mit vollem Wanst, verschwindet Weißkehlchen im Dunkel des Waldes. Diesmal hat es seinen Balg gerettet. Vorerst bleibt mir nur das schaurig-schöne Lied der Waldkäuze.

Es schlägt die halbe Stunde nach Mitternacht, ich döse gerade vor mich hin, da rappelt es im Karton, will sagen, drei Sauen rauschen rechts der Kanzel über den Weg und weiter hangabwärts. Nur schemenhaft und für einen Augenblick sehe ich sie im Fichtenaltbestand verschwinden. Jessis! Etwa 120 Gänge unterhalb der Wolfgangkanzel brechen sie nahe der Dickung, jenseits der Grenze in Vetter Philips Revier und oberhalb seines Forsthauses „Hohe Blemke". Ich kann sie aber beim besten Willen nicht ausmachen. Hellwach bin ich! Aber wie ich auch schaue, die Schwarzkittel bleiben unsichtbar. Dafür brechen sie laut hörbar nach Fraß. Für eine Weile. Dann wird es ruhig – bis auf die Rufe der Waldkäuze. Ganz ruhig. Da! Was war das? Höre ich ein leises Knacken, oder spielt mir meine Fantasie einen Streich? Ich glase mir die Augen aus dem Schädel. Still ruht der Forst ringsum – ich bin allein im mondeerleuchteten Wald, bis auf die Käuze. Da! Wieder ein leises Knacken! Das kam von links vorne. Leise, doch deutlich. Es muss wohl ein Ast sein, der im leichten Wind knackt. Vorsichtshalber glase und glotze ich mir die Augäpfel noch weiter heraus – und entdecke nichts. Die Tränen rinnen in vergeblicher Anstrengung. Ich setze das Nachtglas ab, reibe mir die Augen, stelle die Lauscher in bekannter Manier auf Empfang. Nichts zu sehen. Nichts zu hören. Nur das Raunen des

Windes in den Bäumen und ab und zu ein rufender Kauz. Das Knacken muss wohl doch ein morscher Ast im Wind gewesen sein …

Mittlerweile ist es 00:50 Uhr, ich bewundere gerade das Schattenspiel der Bäume im Mondlicht, da passiert es! Eine einzelne Sau – das Knacken! – quert plötzlich und eilig, aus dem Dunkel des Forstes kommend, linkerhand den hellen Weg und zieht an der Böschung rauf zur Kirrung. Alles geht blitzschnell! Der Panzerknacker: ein Überläufer – ein Keilerchen! Gierig fällt es über die Kirrbrocken her und schämt sich gar nicht, dabei allerhand Lärm zu machen. Das Keilerchen fühlt sich sicher im Halbschatten der Kirrung … Der Bockbüchsdrilling liegt auf der Brüstung, eingestochen, scharf und schussbereit. Aber die Sau zieht unstet hin und her, steht nie breit, meist spitz oder zieht von mir weg, verschwindet im Schatten der Bäume, um wieder in den helleren Bereich zu wechseln, verhofft aber mit dem edlen Vorderteil hinter einer dicken Fichte, hinten sehe ich die Quaste lustig hin und her schwingen, dann zieht es vor, nuschelt mal hier, bricht mal dort, steht aber nie schussgerecht auch nur annähernd breit!

Mein Herz klopft bis in meine Birne, als über fünf Minuten mit verzweifelten Zielübungen verstreichen, verstreichen müssen! Es geht einfach nicht. Schon befürchte ich, das Keilerchen unbeschossen zu verlieren, denn es verschwindet wieder hinter einer Fichte, da erscheint das Stück überraschend nach einer Kehrtwende und steht einigermaßen spitz-breit. Ich bin im Anschlag, das Absehen steht links vorne im Wildkörper der Wutz, 30 Meter sind es, es fliegt die Kugel. Bauz!

Im Schuss bin ich mir eines guten Abkommens sicher. Aber als direkt nach der Schussabgabe das Stück einmal laut quiekt, ist meine Betroffenheit groß! Meine Laune wird schlecht, als das Keilerchen hangabwärts, über den Weg und rechts an der Kanzel vorbei in die partielle Dunkelheit des Waldes stürmt. Auf der Flucht fällt es prasselnd jedes Totholz, jeden Baumstamm an, dann etwa 120 Gänge unterhalb der Wolfgangkanzel ein letztes Prasseln und Poltern. Stille. Das beruhigt mich erst einmal. Ich packe meine Siebensachen, entledige mich der vielen Kleidungsstücke, die bei der anstehenden Totsuche und Bergung in steilem Gelände nur hinderlich sein und zu Schweißströmen führen werden. Mit Drilling, Leuchte, Bergegurt und frohem Mut gehe ich zum Anschuss. Aber der frohe Mut weicht purem Entsetzen: nur Schaleneingriffe, keinerlei Pirschzeichen, kein Schweiß, rein gar nichts! Lediglich liegt in der Fluchtfährte ein kleines Stückchen Fetzen Wildbret, drei bis vier Meter vom Anschuss! Auch das noch! Meine Laune wird schlechter. Fieberhaft überlege ich, doch ich kann keinen wirklich klaren Gedanken zum Vorgang fassen … Auch auf dem Weg und den Wegböschungen finde ich null Schweiß, nicht einen einzigen Tropfen. Mir schwant Übles – Jagen ohne Hund ist Schund!

Ich gehe in etwa die angenommene Fluchtfährte aus. Angenommen deswegen, da Anhaltspunkte visueller oder pirschzeichenmäßiger Natur Fehlanzeige sind. Es gibt keine – nada! Ich orientiere mich lediglich an Richtung und Entfernung der während der Flucht vernommenen Geräusche, und das ist wahrlich wenig! Inzwischen bin ich an der Reviergrenze zu Vetter Philips Waldgut angelangt. Auch hier keine Zeichen auf dem tief ins Relief eingeschnittenen Holzabfuhrweg, an den steilen Böschungen und im dahinter liegenden Buschwerkfilz. Nur ganz frisch aufgewühlter, umgebrochener Boden – die drei Sauen lassen grüßen! Ich gehe zurück, bergauf Richtung Wolfgangkanzel, inzwischen fließt mir der eigene Schweiß in Strömen. Anderer Schweiß wäre mir lieber! Und meine Stimmung ist auf dem Tiefpunkt. Ein Hund muss her! Wo soll ich um diese Zeit einen Hund herbekommen? Meine Laune wird ganz schlecht. Ich kraxele suchend etwa 20 Meter weiter links den Hang hinauf als auf dem Hinweg hinab, bin etwa halben Weges, da stolpert der kreuz und

quer gehende Strahl meiner Leuchte über einen Wildkörper etwas rechts von mir. Keilertot liegt dort das Keilerchen im Hang! Diana und Artemis sei Dank! Meine Laune wird großartig. Und große, größte Erleichterung überkommt mich. Hosianna in der Höh'. Ich schreite zum Keilerchen. Das Stück hat den tödlichen Schuss von links vorne im Leben etwas schräg nach hinten rechts – einmal mehr eine Lehrstunde, dass speziell Schwarzwild auch bei tödlichen Schüssen unter Umständen keinen oder kaum Schweiß abgibt, wenn sich Weißes über den Ein- und Ausschuss schiebt. Und dann fällt es mir wie Schuppen von den Augen: Ich habe viel zu weit hangabwärts gesucht, weil das zweite Poltern und Prasseln nicht vom Keilerchen, sondern von den drei weiter unten wegstürmenden Sauen stammte. Einerlei – Keilerchen gefunden ist Keilerchen gefunden! Aber ein firmer Hund hätte mir das Wechselbad der Gefühle erspart. Ho Rüd Ho!

Am Oryxposten

Der Warzenschwein-Keiler

Nach der glücklichen Erlegung des „Keilerchens" erinnerte ich mich an die Sache mit dem Warzenschwein-Keiler. Das war auch so ein Wechselbad der Gefühle gewesen. Die Affäre geschah eine Woche nach der Gepardenjagd, auf der Nachbarfarm Spinosa am Oryxposten, wo Wolfi Konzessionsrechte innehat. Wolfi bat mich, einen alten Keiler zu erlegen.

Nachdem ich mehrere wirklich starke und den Olympiakeiler vom Eulenposten geschont hatte, nun also diese Losung. Und Tristan sollte für die schwarzen Köhler, die Ovambos aus Angola, eine Oryx erbeuten. Solche Ansagen sind gut …

Gemeinsam sitzen Tris und ich im Schirm, den wir uns gerade gebaut haben. Im prallen Sonnenschein, in 80 Gängen Entfernung, liegt hinter einem Zaun die Tränke des Oryxposten. Heiß ist es, aber im Schatten der Akazien lässt es sich gut aushalten. Reifer Keiler und alte Oryx, das ist die Devise. Die Oryxantilopen, die bei unserer Anfahrt am gleichnamigen Posten standen, sind erst einmal im dichten Busch verschwunden. Hinter dem Zaun, rechts voraus und neben uns, dösen 50 Rinder im Schatten der Bäume. Wenn sie mal ihren dicken Wanst erheben, dann staubt es ockerrot, braun und gelb. Aber die Rinder sind sonnenfaul und schläfrig und die meiste Zeit bleiben sie im Schatten oder Halbschatten. Allerdings liegen ein paar wenige Viecher auch in der prallen Sonne. Wie halten die das nur aus? Es ist Mittagszeit, die Sonne brennt unbarmherzig vom afrikanischen Südhimmel. Doch wir sind aufmerksam, sind gar nicht faul. Bald kommen Warzenschweine aus allen Richtungen. Bachen mit vielen Kleinen, einige Halbstarke, einige Bachen trollen sich solo aus dem Busch zum Wasser. Zum Schöpfen richten sie sich auf und legen die Unterläufe der Vorderläufe auf den Rand des Beckens, was für die Kleinen ein schwieriges Unterfangen ist – extra deshalb schiebt Wolfi regelmäßig mit einer Raupe Erde an den Beckenrand, damit auch die „Frischlinge" ans Wasser gelangen. Wenn sie ihren Durst gelöscht haben, dann verabschieden sie sich hurtig in den Busch. Meist mit steiler Standarte, pardon Steert. Das ist lustig anzuschauen. Es ist Rauschzeit, und dennoch zeigt sich kein liebestoller, reifer Keiler, trotz der rauschigen Bachen, die sich am Nass laben. Kein jagdbares Wild im Sinne der Ansage kommt zur Tränke. Auch die Oryx stehen wahrscheinlich lieber im Schatten der Akazien oder sind beleidigt, dass wir ihre Ruhe am Pool störten. Aber uns ist nicht bang und die Zeit nicht lang, es macht große Freude, das Kommen und Gehen zu beobachten.

Plötzlich geht es los! Und alles auf einmal, ohne Vorankündigung durch schimpfend-warnende Vögel. Eine Bache nähert sich dem Pool im weiten Bogen, dicht hinter ihr ein geiler Keiler. Ein wirklich starker Keiler! Unablässig bedrängt er die Bache, als sie sich auf dem freien Plateau dem Wasser nähert – sie hat aber eher das kühle Nass im Sinne als heiße Amoretten. Dann stehen die Schweine vor- und hintereinander in Deckung, sodass ich keinen vertretbaren Schuss loswerden kann. Zur selben Zeit treten einige Oryx aus dem Busch, verharren dann teils hinter dem großen Bassin oder hinter den Rindern. Tristan flüstert mir zu, ich solle erst den Keiler erlegen, die Oryx seien noch zu verdeckt für eine saubere Ansprache, um gleichzeitig zu schießen. Dass nach einem Schuss die Chance für den anderen Jäger gegen Null gehen wird, daran denken wir in der Aufregung nicht. Mir hüpft das Herz in der Brust, mein Puls dröhnt in meinen Ohren. Die Bache schlüpft durch den Zaun, der Keiler hinterher. Jetzt wird es schwierig. Es geht hin und her, und es gibt keine Gelegenheit, zwischen 50 Rindern und den Zaundrähten hindurchzuschießen. Beim Militär spräche man von möglichen Kollateralschäden …

Nun knien die beiden Warzenschweine mit den Vorderläufen auf dem Rand und schöpfen, auch die Oryx nähern sich vorsichtig der Tränke, ich bin permanent im Anschlag, die Rinder sind rogelig, der Keiler steht verdeckt hinter der Sau. Ich bleibe im Anschlag, Schweißperlen drängen auf die Stirne und die Seele. Es ist ein Gerangel am Trog, der Keiler schiebt sich vor die Sau, ausnahmsweise und augenblicklich interessiert ihn jetzt das Wasser mehr als die Bache. Jedenfalls flüsterfragt Trissi in diesem Moment, ob ich nicht schießen könne. Doch! Jetzt! Endlich! Der Keiler steht breit und frei und hoch rechts am Trog. Aber ich habe nur einen meterschmalen Schusskanal zwischen den Rindern, und noch weniger durch den Zaun. Hoffentlich geht das gut! Als die große Kugel bricht, gibt es ein Tohuwabohu! Flüchtende Rinder, überall Rinder, ich sehe die Bache nach links stürmen, dahin, wo sie herkam, ebenso springen die Oryx nach hinten weg. Wo ist der Keiler? Da steht er plötzlich links von der Tränke, wird dann aber vom aufwirbelnden Staub der rennenden Rinder verschluckt. Die Tränke liegt einsam da, nur eine rotbraungelbe Staubfahne verrät, dass eben das Plateau noch bevölkert war. Als der Staub sich legt, ist kein Keiler mehr zu sehen.

Wir warten noch ein wenig, dann gehen wir mit schussbereiten Waffen zum Anschuss. Beim Näherkommen sehe ich einen zerstörten, einen zerschossenen Draht …! Mir schwant Unheil. Doch direkt am Anschuss, rechts, dort wo der Keiler an der Tränke beim Schuss kniete, liegt Lungenschweiß, viel Lungenschweiß. Eigentlich ein gutes Zeichen. Aber keine Rotfährte steht im lockeren Staub, auch nicht links, wo der Keiler zuletzt stand. Ich grübele. Tristan umgeht derweil das runde Bassin und stolpert auf der Rückseite über einen großen, grauen Stein. Der Stein, der große, graue Stein, ist ein Schwein, das Schwein, der Keiler! Und was für einer – es ist ein Goldmedaillenkeiler. Jubelnd liegen wir uns in den Armen. Anschließend machen wir Fotos, bergen den Kadaver und versorgen ihn im Schatten. Später bringen wir das Wildbret Josef, dem hilfsbereiten Vorarbeiter der Farm Spinosa – bei unserer Ablieferung ist auch das breite Grinsen Josefs goldmedaillenverdächtig. Heute und die nächsten Tage muss er nicht vegetarisch darben.

Aber bevor wir das Wildbret liefern, begeben wir uns wieder in den Schirm. Nach einer Stunde zieht eine Oryx-Kuh zur Tränke. Hier erlegte Tristan am Vortag einen alten Oryx-Bullen, mit sauberem Kopfschuss auf 80 Gänge. Heute fehlt Tristan unerklärlicherweise die Oryx-Kuh – zwei Stunden suchen wir bei glühender Hitze nach, doch die penible Nachsuche bringt keinerlei Pirschzeichen. Der Kuh fehlt nichts. Tristan hat gefehlt. Und das auf das Blatt. Aber er macht es am folgenden Tag wieder gut: Tristan bringt einen uralten, abnormen Oryx-Bullen zur Strecke. Auch die angolanischen Köhler müssen nicht schmachten. Es sind gute Tage in Namibias Weiten.

In der Springbock-Pfanne

Der Oryx-Bulle

Hans-Wolf schickt mich zwei Tage später erneut zur Farm Spinosa. Ich soll in der Springbock-Pfanne nach Möglichkeit eine alte Oryx erlegen, denn die Ovambos aus Angola brauchen viel Fleisch. Sie köhlern und bauen Zäune. Das Fällen der Akazien ist harte Arbeit. Und es ist steinhartes Holz, das zu erstklassiger Holzkohle verarbeitet wird – Glaskohle.

Schlägt man die Stückchen aneinander, so klingt es hell und klar wie Glas. Beste Ware. Alles wird nach China exportiert. China hat Afrika fest im Griff – die Seidenstraße wird zum Seidenstrang! Die langen Ovambos sind schlankgliedrig und muskulös, man sieht ihnen die schwere Arbeit mit Hacke und doppelschneidiger Axt an, kein Gramm Fett auf den Knochen, nur Muskeln und Sehnen. Ihr Werk ist makellos, sauber und ordentlich. Unverständlich, dass sich keine Namibier dafür finden trotz hoher Arbeitslosigkeit …

Für Wolfi ist es gut, dass er mehr Grasland auf seiner Farm bekommen wird – die Auflichtung des Dornenbusches ist für alle Graser gut.

Gerade fahre ich durch Spinosa. An den Wegrändern liegt aufgeschichtetes Holz, fertig zum Verkohlen. Die Sandpad schlängelt sich durch savannenartiges Gelände – auf der Nachbarfarm Spinosa gibt es viel mehr offenes Gras- und Weideland als auf Marigold. Nur der weite Horizont, wo wogendes, gelbes Gras azurblauen Himmel und vereinzelte weiße Puffwolken trifft, begrenzt den Blick. Weit kann ich schauen, Trupps von Oryx, Gnus und Kuhantilopen ziehen umher, hier und da ein paar Zebras, und in Buschinseln stehen einzelne Kudus. Trotz ihrer Größe sind sie nur schwer auszumachen – göttliche graue Geister gut im Gestrüpp getarnt. Wo das Gras nieder steht, oder an lichten Stellen, sehe ich schwarze Punkte: Warzenschweine. Seltsam, wie sie auf dem Rasen knien, um zu grasen. Heute geht eine mächtige Thermik, tagsüber ist es siedend heiß, obwohl Winter auf der Südhalbkugel herrscht. Warzenschweine wie Rinder brauchen regelmäßig Wasser, anders als viele Arten des Buschlandes, die mit den ariden Bedingungen bestens zurechtkommen.

Gestern verlegten wir auf Spinosa eine kilometerlange Wasserleitung tief in die Wegpad. Die Leitung führt vom Windrad an Vorarbeiter Josefs Hütte zu einem großen, neuen Plastikcontainer, der die Tränke für Wolfis auf der Nachbarfarm untergestellte Rinderherde speist. Der alte, völlig zerbeulte und perforierte Container liegt daneben und hat ausgedient; den hat ein Elefantenbulle, zugewandert aus der Kalahari, aus Botswana, auf dem Gewissen. Als er das Wasser witterte, hat er kurzen Prozess gemacht und den Container auf die Stoßzähne genommen, um an das kühle Nass zu gelangen. Leider wurde der Elefantenbulle, der einen langen Weg durch namibisches Farmland zurückgelegt hatte, von der Regierung zum Schadelefanten erklärt und geschossen. Das hätten die politisch Verantwortlichen im Sinne der bedauerlichen Kreatur besser regeln können …

Wegen des starken Windes stelle ich den Pickup eine knappe Meile vor der Springbock-Pfanne ab. Die dort häufig stehenden Springböcke äugen sehr gut, und die kräftige Brise soll mich auch nicht verraten. Daher parke ich den Geländewagen weg und will in einem Bogen gegen den Wind anpirschen. Ich schultere meine Siebensachen und marschiere durch den Busch. Heidewitzka, auf der Ebene geht eine steife Böe, ein regelrechter Turbofön weht! Endlich habe ich halben Wind, kann gegen die Springbock-Pfanne drehen. Ich nenne sie Etosha-Pfanne, weil die Senke aus grau-weißem Boden, Stein und Staub besteht – eben der Grund eines ehemaligen Sees, ähnlich wie Etosha, nur winzig im Vergleich. In der Ferne taucht der kleine Hain auf, in dem ich einen Schirm errichten will. Das Tarnnetz ist dabei. Etwa 50 Meter vom Hain liegt die Tränke, in 200 Meter Entfernung ist im tiefsten Bereich eine Salzlecke eingerichtet. Die Springböcke mögen diesen Flecken, auch heute Morgen stehen einige in der Pfanne. Erst sehe ich drei, vier, dann immer mehr, die meisten ruhen und sind auf die Entfernung nicht gleich und leicht zu erkennen. Trotz aller Vorsicht, jeden einzelnen Busch im Grasland nutze ich als Deckung, haben die Springböcke mich bald spitz – einige erheben sich oder stehen bereits und äugen in meine Richtung. Witterung erhalten sie keine, die Distanz beträgt über einen halben Kilometer, dennoch hat die Herde mich längst weg. Ich bleibe hinter einem Kampferbusch stehen und glase die Gegend ab. Nur Springböcke sehe ich, noch verhalten sie sich einigermaßen ruhig. Ein ganz starker Bock ist dabei, ein echter Hingucker. Aber er kann, wie seine Kameraden, ganz beruhigt sein, ich stelle ihm nicht nach. Doch woher soll er das wissen? Mir geht es darum, dass die Antilopen vertraut bleiben, nicht flüchten, kein anderes jagdbares Wild, welches ich möglicherweise noch nicht erspäht habe, mitnehmen. Tatsächlich tun sich einige Springböcke wieder nieder, nur der Starke und seine Entourage ziehen gemächlich gen Höhenrücken, also weg von mir. Typisch, das erfahrene, ältere Wild geht keine Kompromisse ein. Nun denn, wohlan du treuer Knapp, mach nur voran. Weiter will ich gen Wäldchen und Versteck, es ist erst früher Vormittag, nach der Störung kann Ruhe einziehen und hoffentlich jagdbares Wild anlaufen. Kaum setze ich zwei, drei Schritte voreinander, passiert es: Vier Pferdeantilopen preschen davon – sapperlot, die habe ich glatt übersehen. Alle Antilopenarten sind achtern der Anhöhe auf und davon. Und als ich zu meinem Zielort pirsche, obwohl noch vorsichtiger als ehedem, kriegen mich kurz davor zwei Schakale mit, und ab die Schak-Aal-Post. Das ist dumm! Und ich bin genervt, denn Schakal geht immer …

Eine Viertelstunde später habe ich meinen Schirm errichtet und sitze gut versteckt im Schatten der Akazie. Alles ist bereit, der Bergstutzen steht geladen am Stamm, „ready to shoot". Die Brise geht idealerweise von rechts nach links, denn das Wild dürfte von vorne, also da, wo die Springböcke und Pferdeantilopen verschwanden, erscheinen. Ab und an wirbelt der Wind eine graue Staubfahne über die Pfanne. Sonst ist alles ruhig, kein Wild ist in Anblick.

Ich versinke in Erinnerungen – die Savanne um die Springbock-Pfanne erinnert mich trotz der hiesigen Trockenheit an die Gegend von M'Bali, ein privates Wildreservat westlich angrenzend an den Krüger Nationalpark in Südafrika. Dort waren meine Frau Cornelia und ich 1997 auf Fotosafari. Die Unterbringung im luxuriösen Zelt, Typ Ostafrika unter einem Schatten spendenden Schilfdach, alles auf einer Holzveranda am Flussufer. Sehr romantisch und malerisch, denn es gab nur acht Zelte am Steilufer des Flusses. Und nachts war man im wahrsten Sinne des Wortes auf Tuchfühlung mit den Tieren und den Stimmen der Nacht, quasi hautnah, wenn marodierende Elefanten das ungesäumte Camp einnahmen und in unmittelbarer Nähe zu den Zelten starke Fieberbäume mit einem Fußtritt krachend zu Fall brachten. Gott sei Dank nicht die Zelte! Oder die grellen Warnschreie der Paviane, wenn sie ihren durch die Nacht schleichenden Erzfeind, den Leoparden, entdeckten und die ganze Gegend in Aufruhr brachten. Nach einem opulenten Abendmahl am Lagerfeuer in der offenen Boma, unter dem fantastischen Sternenhimmel der Südhalbkugel, nur durch einen Dornenverhau von der Wildnis da draußen getrennt, brachte ein Ranger uns zurück zum Zelt.

Ein Löwe hatte in der vorherigen Nacht einen Kudu in das Camp getrieben. Der Kudu war in allerhöchster Not in die offene Küche geflüchtet, aus der es für ihn kein Entrinnen gab. Bei unserer Ankunft waren von des Löwen Schlachtfest noch die schweißverschmierten Fliesen zu sehen, den Kadaver hatte der Löwe, jetzt milde gestimmt, gnädig aus dem Camp gezogen und draußen verzehrt. Vielleicht war es auch eine Löwin, die Löwin Mandleve, gewesen. Mandleve war eine besonders markante Löwendame mit hohem Wiedererkennungswert – ihr fehlte eine halbe Ohrmuschel, die sie als Jungtier in der Drahtschlinge eines Wilderers verloren haben sollte. Mandleve hielt sich mit ihrem Nachwuchs in Sichtweite des Camps auf. Von unserer Veranda konnten wir die Löwen tagtäglich beobachten, wie sie unter einem Dornenverhau schattenbadeten oder spielten – Showtime! Als ich am ersten Abend allein zum Rand des Camps schlenderte, folgte mir ein Ranger auffällig unauffällig, holte mich betont lässig ein und meinte en passant, es wäre keine gute Idee, sich vom eigentlichen Camp zu entfernen. Der Raubkatzen wegen. Und des fehlenden Zaunes wegen. Also bummelte ich mit dem Ranger zurück. Wir waren auch angehalten, vor dem Betreten der Dusche, die natursteingefliest im Abhang unterhalb der Holzveranda installiert war, dringend den Abfluss zu kontrollieren, indem man unter das Abflussgitter schaute. Und tatsächlich, eines Morgens wollte eine Schlange mitduschen …

Nach einem Tag Aufenthalt reisten alle anderen Gäste ab, Cornelia und ich waren in dem exklusiven Camp alleinige Besucher. Wirklich exklusiv. Manager Rob und Ranger Brian fragten, ob wir Lust und Laune hätten, die abends zuvor auf einer Nachtfahrt beobachtete und Kaphasen jagende Leopardin und ihre Jungen zu suchen. Und zwar per pedes. Und wie wir Lust hatten. Vorab mussten wir eine Erklärung unterschreiben, dass die Fußpirsch auf eigene Gefahr erfolge und dass die Lodge keinerlei Verantwortung für Verletzungen oder Verlust an Leib und Leben wie Hab und Gut übernähme. Wir unterschrieben. Und Abmarsch: ein einheimischer Spurenleser, Ranger Brian, seine Freundin Chantal – sie arbeitete als Serviceangestellte in der Lodge – Cornelia und ich. Nach kurzer Fahrt durch Savannenbusch parkte Brian am Rande eines ausgetrockneten Flussbettes und wir kraxelten das steile Ufer hinab in den weiten, sandigen Grund. Hohe, gelbrindige Fieberbäume und dichter Dornenbusch säumten beide Steilufer. Ein ideales Leopardenrevier! Wir patrouillierten durch das Flussbett. Unzählige Fährten verschiedener Hufträger standen im tiefen Sand. Plötzlich hörte ich ein Summen und Brummen. Neugierig folgte ich dem Gebrumm. In einer kleinen Bucht summten und saßen Myriaden von Schmeißfliegen wie ein schwarzes Mal und hielten Mahl. Ich trat näher, laut schwirrend stob der Schwarm auf und entblößte einen dunklen Fleck im hellen Flusssand – Ort einer nächtlichen Tat. Brian und der Spurenleser meinten, die Leopardin habe hier in der Nacht oder am frühen Morgen eine Impala gerissen. Von der Schwarzfersenantilope war kein Fitzel übrig, außer getrockneter Schweiß. Offensichtlich war die Leopardin nach dem Riss in Richtung einer Wasserstelle gezogen, aber trotz der hohen Kunst des Trackers verloren wir ihre Spur. Vergeblich suchten wir den Anschluss. Brian war nun merklich angespannt, er hielt den Repetierer schussbereit in seinen Händen, musterte ständig die Buschzone, denn hier war das Trockenbett mit Büschen und Felsblöcken garniert, daher unübersichtlich, zudem das Vorankommen im losen Sand äußerst mühselig. Eine Leopardin mit Jungen nahebei wäre für uns kein Heimspiel gewesen. Für sie schon:

Wir steckten in ihrer Kinderstube, in ihrem Revier! Es wurde jetzt eine ernsthafte Angelegenheit. Als der schwarze Tracker einen dicken Knüppel zur Hand nahm, dabei einen Gesichtsausdruck machte, als würde er gleich einschlafen, suchte ich mir auch einen massiven Prügel, mehr zur eigenen psychischen Beruhigung, als dass mir das Ding im Fall der Fälle wirklich hätte hilfreich sein können. Gleichwohl setzte ich auch eine teilnahmslose Macho-Miene auf … Wir pirschten und suchten weiter. Brian ermahnte uns ständig zur Vorsicht, selbst der Spurenleser schwitze jetzt etwas. Das Flussbett war an dieser Stelle noch unübersichtlicher. Aber wir fanden nichts und niemanden. Schließlich gaben wir auf, die Mittagshitze in dem staubtrockenen Tal setzte uns zu, im dichter werdenden Gestrüpp und Gestein des beständig enger werdenden Flussbettes wollten wir nicht wirklich auf eine reizbare Leopardin stoßen. Ein Versuch, als die Situation noch überschaubarer war, war es wert gewesen! Brian schlug vor, direkt zur Wasserstelle zu fahren und dort nach der Leopardin zu fahnden.

Erleichtert, aber aufmerksam und gespannt, marschierten wir zurück zum Land Rover und fanden erneut keine Anzeichen der gefleckten Dame. Der Spurensucher nahm links vorne auf dem Kotflügel in seinem Stuhl Platz, Brian am Steuer, neben ihm Chantal, meine Frau und ich saßen im erhöhten Fond. Der Schwarze verwies während der Fahrt von seiner exponierten Position auf dies und das, es war beeindruckend wie schnell und genau er Dinge im Busch und am Boden wahrnahm. Ich hatte mir immer viel auf mein jagdlich geschultes Auge eingebildet, hier aber musste ich den wahren Könner anerkennen. Tags zuvor waren wir mit diesem Gefährt, diesem Tracker und diesem Ranger auf ein Rudel Löwen gestoßen, das auf einem Hügel im Schatten eines Baumes ruhte. Die Löwen waren etwa 15 Meter von dem Land Rover entfernt, etwa in Augenhöhe mit dem auf dem Kotflügel hockenden Tracker. Das Rudel betrachtete uns in lässig-souveräner, überlegener Manier. Diese stechend bernsteingelben Augen! Der Löwen intensiven Blicke konnten einem, bei der unmittelbaren Nähe ohne schützendes Etwas zwischen den beteiligten Parteien, trotz der Gluthitze das Blut in den Adern gefrieren lassen. Der Spurenleser blieb völlig ungerührt. Gähnend hing er mehr als dass er saß in seinem Stuhl, säuberte lässig seine Fingernägel, kratzte nonchalant seinen Bart, gähnte wieder und war die Ruhe überhaupt. Fast schien es, als wäre er gelangweilt: schon wieder diese Löwen …

Jetzt aber, auf der Fahrt vom Trockenbett zur Wasserstelle, entdeckte Brian ein Chamäleon, obwohl gut getarnt, auf einem Ast. Wohlgemerkt, Brian hatte das Schuppentier entdeckt, nicht der Tracker. Oder der Schwarze wollte es nicht entdeckt haben. Brian stoppte den Wagen, wir stiegen aus und betrachteten das harmlose Schuppentier mit seiner Camouflage-Vorstellung. Bis auf den Spurenleser. Seine Körpersprache sprach nicht Desinteresse, nicht Lässigkeit, sie sprach Unwohlsein, sie sprach totale Abwehr. Er rang die Hände und grinste gequält. Auf meine Frage erklärte Brian, dass die Ndebele, die Stammesangehörigen des Spurenlesers, in Chamäleons böse Geister und Dämonen Verstorbener sähen, da die Chamäleons ihre Augen einzeln und unabhängig voneinander bewegen können. Das war jetzt mal eine Erklärung – von Angesicht zu Angesicht mit Löwen die Ruhe selbst und beim Anblick eines Chamäleons ein Häufchen Elend. Aber mir wurde der Spurenleser noch sympathischer, quasi erhielt der abergläubische Buschmensch einen zivilisatorischen Anstrich …

Wir fuhren weiter und erreichten die Wasserstelle. Mehrere Vögel hassten auf einen Dornenbusch und machten ein Mordsspektakel. Irgendetwas musste in dem Busch stecken, was ihr Missfallen erregte, andernfalls würden die Vögel nicht so einen Riesenkrawall machen. Wir diskutierten, ob eventuell die Leopardin dort steckte.

Brian hielt den Land Rover 100 Meter vor der Wasserstelle an. Wir betrachteten den Busch mit unseren Ferngläsern und suchten nach der Flecktarnung einer Katze. Der Tracker entdeckte sie zuerst: Im Gewirr der Zweige war ein besonders starker grauer Ast zu sehen. Der Ast entpuppte sich als Schlange, die Schlange als schwarze Mamba! Der Grund des Vogelradaus. Wir entstiegen dem Wagen und näherten uns vorsichtig, allerdings wieder ohne Tracker. Für nichts und gute Worte war er bereit, seinen Sitz auf dem Radkasten zu verlassen. Nichts in der Welt brachte ihn, der Löwen gegenüber so entspannt und lässig war, dazu, eine schwarze Mamba anzugehen. Wahrscheinlich war er der Einzige unter uns, der so etwas wie Hirn und Vernunft zwischen den Ohren hatte …

Zweifelsohne ist es ein mehr als zweifelhaftes Vergnügen, eine schwarze Mamba aufzusuchen. Mein Vater hatte zahlreiche Begegnungen mit Mambas auf unserer Farm Omburo und haarsträubende Geschichten anderer Farmer zu erzählen – anschauliches Material, wie man und frau es nicht machen sollte. Wir machten es dennoch! Vorsichtshalber blieb Chantal auf der Hälfte der Strecke zurück und damit in sicherer Entfernung zu der Giftnatter. Brian, Cornelia und ich waren jetzt auf ein Dutzend Meter herangekommen. Die Schlange war von silbergrauer Farbe, etwa drei Meter lang, in der Mitte armdick, an den Enden bemerkenswert dünn mit einem kleinen Kopf am gefährlichen Ende. Die Natter blähte ihren Nacken wie eine Ringhalskobra – fraglos eine Drohgebärde und ein Zeichen, dass sie gar nicht glücklich war. Brian meinte, wir sollten uns vorsichtig zurückziehen, als in dem Moment das Funkgerät des Land Rovers plärrte. Er ging langsam ein paar Schritte rückwärts, drehte sich um und sprintete erst dann zum Wagen. Bevor wir den Rückwärtsgang einlegten, schossen meine Frau und ich ein paar Fotos, ohne die Mamba aus den Augen zu lassen. Als wir aus der Nahdistanz der Giftnatter waren, schlängelte sie sich aus dem Geäst, glitt auf der anderen Seite des Dornenbusches zu Boden. Dort stand gelbes, hüfthohes Gras auf ausgedörrtem Grund. In atemberaubendem Tempo und schlängelnder Linie floh die Mamba, mit steil aufgerichtetem Vorderkörper, den Kopf und Hals hoch über dem Gras haltend. Das war beeindruckend, wie sie etwa die Hälfte ihres Körpers mühelos in die Höhe hielt und quasi nur auf dem Schwanzende ritt! Und das mit einer sagenhaften Schnelligkeit! Wohl war die Mamba ist nicht so geschwind wie ein galoppierendes Pferd, eine Mär der Altvorderen, aber insbesondere in dem hüfthohen Gras wäre auch ein olympischer Sprintkandidat ihr an Geschwindigkeit nicht gewachsen gewesen.

Eine jähe Bewegung reißt mich aus meinen Gedanken. Ich drehe meinen Kopf. Rechts taucht, quasi aus dem Hinterhalt, eine Oryx auf, von wo ich eigentlich kein Wild erwartet habe. Wie hinterhältig. Mein Glas fliegt an die Augen: Es ist ein Oryx-Bulle, ein uralter Haudegen. Seine dicken Hörner sind abgewetzt, abgenutzt und kurz. Der passt! Aber ich muss mich in Geduld tragen, denn der Gemsbock dreht nicht etwa auf die Tränke zu, sondern zieht unbeirrt zur Salzlecke, zeigt mir seine Kruppe – ein Schuss verbietet sich. Mit jedem Tritt wirft er eine kleine Staubwolke auf. An der Salzlecke wendet der Bulle, dreht seinen Windfang in die Brise und sichert. Dann nimmt er vom Salz auf. Gierig und genüsslich. Der Alte steht breit, aber er ist fast vollständig von einem auf halber Strecke stehenden Strauch verdeckt, nur sein Haupt mit der ausdrucksstarken, schwarzen Gesichtsmaske ist frei. Ein Schuss auf das Haupt wäre auf 200 Meter ein gewagtes Unterfangen und mit unsicherem Ausgang verbunden. Geduld ist gefragt und ich vermute, dass der Gemsbock nach dem Salzlecken durstig sein und die Tränke besuchen wird. Dann sollte es eine Chance geben. Der Bulle leckt und leckt, ab und an sichert er und sondiert die Gegend, wendet sich dann wieder dem Salz zu und leckt weiter. Die Zeit verrinnt. Die Oryx steht wie festgemauert in der Erden, heute muss die Jagd noch werden …

Da nichts weiter geschieht, gehen meine Gedanken abermals auf Zeitreise, auf eine Safari im iUmfolozi/Hluhluwe Reservat in Natal 1997. Mit zwei schwarzen Rangern vom Stamme der Zulu kehrten wir – Kapitänskollege, Forstmann und Freund John Pexton aus Pietermaritzburg, ehemaliger Ranger im Game Reserve Sabie Sand, sowie Cornelia und ich – bei glühender Nachmittagshitze zum Basislager zurück. Die Hlatikulu-Lodge, die wir mit acht Betten in vier Holzhütten, dem Zulu Koch „Buthelezi" und den beiden Rangern nur für uns alleine gebucht hatten, lag in malerischer Lage direkt am

Ufer des Swart-Mfolozi. Gegenüber der Lodge war im Fluss auf einer kleinen Insel die Bühne aufgebaut, wo Abend für Abend zum Sundowner die Naturschau stattfand: Ein uralter Kaffernbüffel, ein echter Dagga-Boy, verlebte hier seine noch auf Erden verbliebene Zeit. Morgens und abends, wenn es etwas kühler war, zeigte sich der alte, klapperige Kämpe dem zahlenden Publikum am jenseitigen Ufer. Völlig abgewetzte Hörner und zerschlitzte, zerschlissene Lauscherlappen ließen auf sein biblisches Alter schließen. Die grüne Insel, umgeben vom mit zahlreichen Nilkrokodilen gesegneten Swart-Mfolozi, gab dem alten Boy einen gewissen Schutz vor den im Reservat marodierenden Löwenrudeln. Allerdings fragten wir uns, wie denn der Büffel ursprünglich und unversehrt auf die Insel im Fluss gelangt war.

Auf der Fußpirsch waren wir an einen Familienverband weißer Nashörner und sogar an ein schwarzes Nashorn gelangt und ganz fasziniert von der spannenden, unmittelbaren Begegnung. Doch war mir etwas klamm ums Herz gewesen, denn in dem Buschwerk, in dem wir hockten, knieten und beobachteten, waren auch die Dickhäuter, keine 20 Meter nah. Mit einem lässigen Hackentritt in den Pudersand prüfte der junge Ranger ab und an die Windrichtung: Der Staub wehte von den Nashörnern weg. Hätte die Brise gedreht … Kletterbäume waren jedenfalls nicht in der Nähe, nur schütteres Gestrüpp, welches ein erbostes Rhinozeros wie ein Wattebällchen niedergewalzt hätte. Allerdings taten der Wind und wir alles, die nahen Dickhäuter nicht zu verdrießen. Die beiden Zulus waren tiefenentspannt, aber nur der ältere, zackige Führer, ein ehemaliger Armeesoldat, führte einen alten Repetierer. Mir schien, der Karabiner stammte aus der Zeit der Burenkriege …

Jetzt drückte die Hitze, unsere Zungen klebten in ausgedörrten Rachen, und unter unseren Hüten rann der Schweiß in Strömen – wie sehnten uns nach einer kalten Dusche und einem Sundowner am Flussufer mit abendlicher Bühnenschau. Nur die mächtigen, gelben

Fieberbäume spendeten gnädig etwas Schatten. Der hohe Baumbestand ging dann in niedrigen Akazienwald über, kniehohes, trockenes Gras stand auf beiden Seiten des ausgetrampelten Antilopenpfades. Wir trotteten hintereinander, vorneweg der Ranger mit dem alten Karabiner, dann Cornelia, meine Wenigkeit, John und am Ende der junge Ranger. Plötzlich nahm ich eine flüchtige Bewegung wahr – etwas war rechts von mir aus der nächsten Akazie gefallen. Im gleichen Moment entdeckte ich am Boden, etwa drei Meter von der Pad, eine fette, dickleibige, farbenprächtige Eidechse, die an einen kleinen Leguan erinnerte. Wie ein Blitz schoss die Bewegung auf die Echse zu. Die Bewegung war eine grüne Baumschlange, die sich aus dem Baum hatte fallen lassen, als sie im Moment, da wir vorübergingen, die Eidechse entdeckt hatte. Möglicherweise hatten wir die Echse aufgescheucht und zu einer Bewegung veranlasst, und erst so hatte die Baumschlange ihre Beute überhaupt bemerkt. Jedenfalls kam sie durch die Krautschicht geschossen, dabei die Hälfte des Körpers oberhalb des Grases haltend, ähnlich wie die Mamba geflüchtet war. So schnell konnte die plumpe Eidechse nicht flüchten wie die Baumschlange ihre weit hinten im Rachen liegenden, kleinen Giftzähne in deren Leib bohrte. Sofort ließ die Schlange wieder los, denn mit den kurzen Zähnen konnte sie ihre flüchtende und verhältnismäßig große Beute nicht halten. Musste sie auch nicht, denn das Gift wirkte bereits – verlässlich tödlich. Nochmal biss die Schlange zu, zog sich wieder zurück, aber die Bewegungen der Echse wurden langsamer, schwerfälliger, bis sie sich gar nicht mehr bewegte. Wir beobachteten die giftgrüne Schlange, wie sie mit gespaltener Zunge züngelnd zum Kadaver kam und dann mit schrägen Verrenkungen des Kiefers die fette, gelähmte Eidechse verschlang. Ein ergreifendes Naturerlebnis, und zweifelsohne ein Drama, das man nicht alle Tage aus nächster Nähe erlebt. Wir marschierten weiter und näherten …

Wieder bringt mich eine Bewegung in das Hier und Jetzt zurück. Springböcke tauchen aus der gegenüberliegenden Versenkung auf, einer nach dem anderen kommt aus dem Busch, alle nehmen Aufstellung auf der Galerie. Auch der starke Bock ist dabei. Aufmerksam mustern sie die Senke, wo der Oryx-Bulle steht und immer noch stoisch leckt. Der Gemsbock zeigt sich unbeeindruckt. Auf einmal fällt mir ein, dass die Oryx auch zur gegenüberliegenden Seite wechseln könnte, dorthin, wo die Springböcke verschwanden und wiederkamen. Dann wäre alles Warten umsonst gewesen. Augenblicklich überlege ich, doch einen weiten Schuss zu wagen, passe gerade meine Sitzposition an, um am deckenden Strauch vorbei schießen zu können, da setzt sich der Bulle in Bewegung – zur Tränke. In meine Richtung. Also doch! Er trottet hoch am Wind. Ruhig, aber gespannt, warte ich ab. Aber er passiert den Pool, zieht vorbei und weiter, dreht dann komplett in den Wind und sichert. Der alte, schlaue Bulle! Jetzt könnte ich fliegen lassen, doch da wendet er und ist am Bassin. Und schöpft. Und steht breit. Sein Haupt ist von einem Stahlrohr verdeckt – aus dem beabsichtigten Küchenschuss auf das Haupt wird nichts. Ich ziele klassisch auf sein linkes Blatt, 48 Gänge sind es dahin. Es ist 11:50 Uhr. Der Schuss bricht. Darauf wirft der Bulle auf und stürmt mit halbem Wind fort. Eine graue Staubfahne steht wie ein Fanal im Wind. Dann verhofft, stockt der Gemsbock und bricht augenblicklich zusammen. Ich ziehe meinen Hut zum letzten Gruß. 80 Meter ist der Bulle noch geflüchtet, dann ist sein langes Leben ausgehaucht. Als ich endlich bei ihm stehe, sehe ich, dass er noch viel älter als alt ist – ein guter Abschuss, und genügend Fleisch für die hungrigen Arbeiter aus Angola. Einen letzten Bissen spende ich dem Alten. Auch meinen Hut ziert ein Akazienbruch. Dann marschiere ich zurück zum Pickup und fahre den Wagen zum Kadaver. Mit der Seilwinde vor der Haube ziehe ich meine Beute per Umlenkung auf die Pritsche. Als ich mittags auf die Farm Marigold zurückkehre, begutachtet Wolfi die Oryx. Er ist sehr zufrieden: Ein uralter Bulle ist zur Strecke gekommen – super Speise für die angolanischen Holzhauer. Und eine perfekte Jagd für den deutschen Jäger.

Am Nachmittag fahren Wolfis Vorarbeiter Jason und ich den Kadaver des Gemsbockes zu den angolanischen Ovambos und Vettern – Jason ist namibischer Ovambo – auf die Farm Spinosa. Geschickt steuert er den Pickup über die kurvenreiche Sandpad zum Lager der Holzhacker. Jason sieht sie zuerst: Eine schwarze Mamba schlängelt sich vor dem Auto über den Weg und verschwindet unter der Kühlerhaube. Und schon sind wir über die Schlange hinweggerollt. Im Rückspiegel beobachten wir, wie die Giftnatter unbeschadet in der Vegetation verschwindet. Die Beobachtung ist wichtig, denn es gibt Berichte, dass Mambas sich beim langsamen Überfahren auf weichem Sand anschließend im Motorraum wiederfanden … Keine feine Angelegenheit! Also immer in den Rückspiegel schauen und sich vergewissern …! Wir springen aus dem Pickup und gehen dahin, wo die Schlangenspur im Sand steht. Wenige Meter entfernt spüre ich sie im Bodenkraut auf. Vor mir liegt ein langes, dunkles Exemplar. Die Schlange verdrückt sich, ich mich auch. Diesmal rücken wir der Mamba nicht auf die Pelle. Man soll sein Glück nicht strapazieren. Besser ist das. Wir fahren weiter und kommen zum Camp der Arbeiter, um den Gemsbock abzuliefern. Alle Schwarzen stehen um den Wagen mit einem sehr breiten, freundlichen Grinsen zwischen den Ohren. Sie betrachten und befühlen erfreut das Lebensmittel auf der Pritsche und schütteln dann immer wieder meine Hand – so sieht große Freude aus!

In der Göhrde

Jagd mit jungen Wilden

Wie anders ist's ums Grün bestellt, jetzt zu Pfingsten anno 2019. Da war im Jahr zuvor nur trocken-brauner Strauch. Heuer scheint die Flur der Göhrde noch saftig fett und üppig grün. Überall wacht und lacht der stolze Fingerhut als weißer oder violetter Blütenstand im feisten Blaubeerkraut. Doch im Kontrast blitzt rot die Douglastanne, vom Bock verfegt, vom Hirsch zerlegt …

Da soll wohl jagdlich was gehen, mit meinen Söhnen, den jungen Wilden. Beide sind passioniert, alimentiert mit Jagdschein wie Jagdeifer. Maxi absolvierte seinen Jagdschein 2017, Trissi zwei Jahre darauf, ein jeder mit 16 Lenzen, und ein jeder mit Auszeichnung – folglich war der alte Herr recht heiter gestimmt! Selbstredend ist der Jüngere motiviert, es seinem älteren Bruder jagdlich zu zeigen. Nun, auf der gemeinsamen ersten Pirschfahrt mit Thomas durch sein Goveliner Revier finden wir allerorten junge, abgestorbene Douglasien. Hier sind die trockenen Bäumchen nicht in Folge des Klimawandels, sondern durch der Hirsche Lust am Fegen und an ihrer besonderen Vorliebe für standortfremde Bäumchen gestorben. Die roten, toten Douglasien erfreuten Bock und Hirsch, doch dem Forstmann ist es Verdruss, dem Waldbauer Ärgernis, dem Wirtschafter Aderlass und dem Jäger Fingerzeig.

Reh und Hirsch wissen nichts von der Bäume abiotischen und biotischen Schadfaktoren, wissen nichts von Klimawandel, Käferkalamität, Fridays-for-Future-Bewegung, Schadstoff-Stress, Wald-vor-Wild-Dogma, Waldumbau, wissen nichts von unsinnig hoher und immer höherer Abschussvorgabe wie sinnloser Schonzeitverkürzung – sie spüren es allenfalls oder werden es zu spüren bekommen. Das Wild folgt seiner naiven Natur, es weicht der permanenten Störung durch den Menschen. Und es bedarf keiner prophetischen Gabe vorherzusagen, dass Rehe und alles andere Schalenwild die Zeche für das Waldsterben 2.0 – das eigentlich kein Waldsterben sondern genau genommen ein Baumsterben ist, in Folge des Schadstoffeintrages und einer seit Jahrzehnten verfehlten und nun töricht kulminierenden Forstpolitik – werden zahlen müssen. Die Causa Mensch! Der Mensch mit seinem irrsinnigen Tun, mit seinem aberwitzigen Aktionismus brockt es ihnen und ihresgleichen ein – Bayerns Staatsregierung und ihre Forstverwaltung samt Doktrinen, Gams- und Hirschvernichtung und der vermeintliche Schutz des Bergwaldes lassen böse grüßen!

Schluss mit apokalyptischer Grübelei – Jagdherr Thomas hat großzügig auf Bock und Sau geladen. Ich sitze an der Mondscheinwiese, einem wohl bestellten Wildacker. Meine wilden Buben sitzen an anderer Stelle im Beritt. Im brandheißen Annum 2018 war der wilde Acker zur strunkig-braunen Steppe verdorrt, verbrannt, verglüht. Heuer fühle ich hier die Natur, höre sie, belausche sie, werde eins mit und in ihr, verstecke mich im dichten Fichtengrün, verschmelze mit den Buchenkusseln. Wenn nur die lästig-stechenden, saugschmarotzenden Zeckenbiester nicht wären! Dieses Jahr sind sie besonders schlimm. Allerorten lauern sie im Unterholz, Gebüsch und Gras. Und nachrichtlich kommt vom heißen Süden, sogar fern aus Afrika, die zeckige Verwandtschaft zugewandert – Migration überall! Die Jagd ist eine Insel der Glückseligkeit und dann wiederum doch nicht; die Jagd teilt die Probleme des öffentlichen Raumes, wie der scharfsinnige Kolumnist Florian Asche so treffend feststellte.

Im grünen Wald, da geht der Wind mal hin, mal her, mal vor wie zurück, dann stark und wieder sanft, und aus Südwesten ziehen weißlich-graue Wolkenschiffe heran. In der Göhrde stolpert der Wind, sagt man. Das macht das eiszeitliche Relief aus Dünen und Moränen. Und der forstliche Aufwuchs. In der Göhrde ist der Wind ein unzuverlässiges Kind – Dichter Hermann Löns schreibt es, Freund Thomas meint es, wir erfahren es. Prophezeit der Wetterbericht westlichen Wind, dann weht er vor Ort aus Ost. Darauf wäre ja noch ein gewisser Verlass, ginge der Wind nicht hin und her und dann mal quer. Doch immerhin – Sauen waren an der Mondscheinwiese und brachen den Boden. Das ist die gute Nachricht! Es ist schon ein paar Tage her. Jetzt zirpt eine Kohlmeise in der Birke, ich bin ihr wohl lästig. Oben schmettert eine schwarze Drossel ihre Melodie. Unten im Farn und Kraut hüpft ein kleiner König – der Zaunkönig. Er flattert von Zweig zu Zweig und schimpft sich etwas aus der kleinen großen Seele. Ein Kuckuck ruft. Weithin hallt sein Ruf. Da! Am anderen Ende des Wildackers fliegt ein Ringeltauber auf. Laut klatschen seine Schwingen, und der bunte Specht lacht dazu … Was ist nur? So sehr ich auch stiere, es zeigt sich kein rotes Haar. Und doch! Jetzt zetert die Amsel, es rätscht der Häher, es kichert der Specht – wäre doch gelacht, es käme nichts. Es kommt aber nichts!

Gestern Abend war es auch so, droben auf dem „Admiral“. Auf dieser Kanzel, beim Ostsüdost, hockte es sich vorzüglich. Vor mir, auf lange 180 Gänge, der schmale Wildackerstreifen, rechts wie links steht lückiger Kiefernhochwald mit satten Blaubeerkrautplacken und Buchenkusseln. Da schimpfte die Drossel, der Buchfink fiel ein, und ich sah nichts. Kein einziges Rot von Reh oder Hirsch. Aber die Vögel warnten! Und dann stand es vor mir, auf 100 Schritte, das rote Haar! Einfach so stand es plötzlich da. Das Alttier war aus einer Senke in Deckung einer dicken Waldkiefer herangezogen. Nur das Flicken der Lauscher gegen lästige Brummer hatte es verraten. Nun äste das Tier mal hier, mal mampfte es dort vom Buchengrün – Blatt auf Blatt verschwand im kauenden Äser. Dennoch schien es auf Suche zu sein, knabberte nur zum Zeitvertreib. Wo mochte das Kalb stecken? Das Alttier tat sich nieder, es lagerte auf 45 Gänge hinter einer anderen Kiefer, sodass nur noch ein Lauscher und ein Licht zu sehen waren. Manchmal auch das ganze Haupt, wenn die Alte ihren Schädel nach dem küselnden Wind drehte. Wo steckte ihr Kalb? Eigentlich konnte, sollte es nicht weit sein! Die krautige Bühne war leer, da

schaute ich wieder einmal nach links, dorthin, wo ich vorher, im fernen Hang jenseits der Rinne, eine Ricke beobachtet hatte. Kein Reh stand jetzt da, dafür stakste plötzlich ein Kalb auf 30 Schritte im hohen Kraut! Das Kalb! Es pflückte von den blauen Beeren und scherte sich so gar nicht um Alttier oder Zuschauer. Was für ein anmutiges Bild! Doch wie war das noch? … in der Göhrde stolpert der Wind! In dem Moment, da die Brise mir im Nacken spielte, war das Alttier hoch und trollte sich von dannen. Zeitgleich versank das rote Kalb im hohen Kraut. Als ob kein Stück zugegen gewesen wäre – die Bühne war wie leergefegt!

Die kolkenden Raben holen mich aus meinen Gedanken in die Gegenwart: Geht hier noch was? Auf einmal trollt ein Rotwildspießer aus dem linken Waldhang in die Wiese. Vertraut ist er, unablässig aber schlägt er mit seinen langen Stangen nach den lästigen Schmarotzern, verdreht dabei in seiner Pein die Lichter, dass das Weiße hell aufleuchtet. Hart gepeinigt von den Blutsaugern, macht er immer wieder ein paar Fluchten nach vorne, als könne er so den stechsaugenden Biestern entkommen. Jetzt ist er am anderen Ende der wilden Wiese angelangt. Irgendwann lassen die Brummer ihn in Frieden gewähren, oder er hat sich mit den Plagegeistern arrangiert, jedenfalls äst er nun gelassen von den Planten un Blomen. Der Frieden trügt und trägt nicht lang. Jäh wirft er auf, äugt starr in die Dickung jenseits des Ackers, zieht ein paar Schritte vor. Starrt wieder. Gespannt glase ich die Kulisse ab, aber entdecke nichts, was den Spießer so anmacht. Oben rufen die Kolke, unten kichert der Schwarzspecht, und der Rotspießer glotzt und trotzt – ich tue es ihm gleich. Da! Ein Rottier kommt aus dem Holz, verhofft und mustert den Artgenossen. Der Spießer beruhigt sich und wendet sich wieder dem Füllen seines feisten Wanstes zu. Beide Stücke stehen äsend am anderen Ende der Mondscheinwiese, etwa in 250 Gängen Entfernung. Aber die Ruhe hält nicht lang, denn der Spießer zieht entlang des Mittelraines hin zu meinem Versteck. Hie und da knabbert er von den jungen Trieben der Krüppelkiefern. Zwischendurch schlägt er immer wieder nach den pisackenden Insekten. Etwa auf halbem Weg wirft er auf, blickt zu meinem Verschlag, äugt zurück zum Alttier, springt dann unvermittelt in den Hang nach links. Weg ist er! Denn: In der Göhrde stolpert der Wind … Auch das Rottier scheint beunruhigt, nun, da es allein in der Wiese steht: Zügig zieht es zu Holze. Ist die Vorstellung zu Ende? Es ist erst früher Abend, das Licht gut, es kann also noch Anblick und Anlauf geben – ich harre aus.

Meine Gedanken wandern zurück zum gestrigen Abend. Nachdem Alttier und Kalb entschwunden, zog keine Viertelstunde später ein Tier rechterhand durch den lockeren Bestand. Erst meinte ich, es wäre das Alttier vom Kalb, das sich in einem großen Bogen frischen Wind geholt hatte. Aber dann merkte ich anhand der aparten Deckenzeichnung, dass da ein anderes Stück an meinem Thron defilierte, ohne vom thronenden Jäger Notiz zu nehmen. Recht so, denn es hatte ja auch nicht das Geringste zu befürchten! Als es etwas voraus war, reckte es Träger wie Lauscher – ein Schmalreh sprang unbekümmert hinzu. Es sprang auf den Ackerstreifen und bummelte zum Salzleckstein, wo es zu äsen begann. Das Alttier tat es dem Schmalreh gleich! Rehwild und Rotwild zeitgleich im Anlauf – ein fröhlich stimmender Anblick! Dann zog das Alttier in die Kiefern und verschwand, während die Schmale weiter im Wildacker äste. Kurz vor der Dämmerung lange nicht mehr vernommene Laute: knorr, knorr, puitz! Der Schnepferich war unterwegs und flog zu seinen „Weidegründen". Auf einmal war wieder das führende Alttier vor mir, und man wird es erahnen, auch das Kalb stand im Kraut. Wie von Geisterhand hervorgezaubert. Ich dachte mich im Marionettentheater. Und tatsächlich drängelte sich weibliches Rot- und Rehwild bis in die einbrechende Dunkelheit, sodass das Abbrechen, Abbaumen und Abziehen ein schwierig Unterfangen war. Aber der störungsfreie

Abgang gelang. Die Stücke standen noch vertraut und ästen, als ich vom Forstweg frohgemut einen letzten heimlichen Blick tat …

Plötzlich knackt es links. Wild wechselt an und zieht zum Eck der Mondscheinwiese. Ich blicke nach links, aber Laubwerk und Äste verbergen das Stück. Nichts ist auszumachen. Hinten rätschen zwei Nusshackl, vorne im Busch protestiert ein Rotkehlchen. Diesmal bin ich nicht der Störenfried! Mit dem Glas nachgeforscht. Da! In einer Lücke ein Fetzen roter Decke. In der nächstgrößeren Lücke erkenne ich einen schwachen Bock. Der passt! Lang wird er meinen Dunst nicht aushalten, denn das „himmlische Kind" pustet genau in jenen Winkel. Einen Wimpernschlag später salviert sich der Bock in den Kiefernforst – ade, du untreuer Gesell, bist mir nicht froh und gut gestimmt. Den Drilling habe ich gar nicht erst in Anschlag gebracht. Ich greine: Mit dieser Bucht ist es kein Glück, an dieser vermaledeiten Ecke war mir im Vorjahr schon einmal ein Bock entkommen. Da war er unverhofft, leise und unbemerkt herangekommen, doch eine unachtsame Bewegung des Jägers reichte dem Recken, sich geschwind zu empfehlen. Höhnisch klang sein Gebölk aus schirmendem Grün. Heuer war es der Wind. Als die Tribüne bei Dämmerung entvölkert bleibt, breche ich vorzeitig ab. Tristan soll hier morgen früh sein Glück versuchen!

An den folgenden Morgen- und Abendansitzen sind unsere Wildbeobachtungen mannigfaltig, nur nichts Passendes oder Erreichbares an Bock oder Sau ist dabei. Aber reizvoll sind die Ansitze allemal. Maxi hat sich in die Kanzel „Admiral" verliebt. Des guten Aus- und Anblicks wegen: Rot-, Reh- und Schwarzwild! Besonders die Schwarzkittel haben es ihm angetan. Während zweier Ansitze am Morgen, einer davon am letzten, kommt ihm am „Admiral" bei gutem Licht eine einzelne Sau, allerdings jedes Mal zu unverhofft und flüchtig, als dass er hätte reagieren können. Das ersehnte Wiedersehen nach dem die Sicht und die Sau verdeckenden Busch erfüllt sich nicht. Beide Male verschwindet das Stück, als wäre es nie da gewesen. Nach dem Ansitz untersucht Max die Lage. Er entdeckt einen von ihm vorher nicht bemerkten Schwarzwildwechsel, da für ihn nicht einsehbar. Das erklärt ihm, warum das Stück so heimlich anrauschen und ebenso abrauschen konnte – der Anwechsel liegt in einer Rinne, aus seiner Sicht von einem dicken Kiefernstamm verdeckt, der Abwechsel biegt hinter besagtem Busch in eine Senke ab. Und der einsehbare Querwechsel ist nur von knapper Länge. „Als Sau würde ich es auch so gemacht haben", bemerke ich lapidar.

Derweil hat sich Tristan in die Kanzel an der Mondscheinwiese verliebt. Denn am Morgen nach meiner glücklosen Bockepisode beobachtet er zehn Stücke Rotwild auf dem Acker. Auch der Spießer mit den langen Stangen vom Vorabend stellt sich ein! Da sich meine Jungs in die jeweiligen Kanzeln vernarrt haben, muss ich notgedrungen eine neue Ansitzeinrichtung wählen. Was in Anbetracht des mit Sitzen, Leitern und Kanzeln hervorragend erschlossenen Goveliner Reviers keine Schwierigkeit bereitet. Wenn nur der Wind nicht wäre – in der Göhrde stolpert der Wind! An jenem Morgen hocke ich auf der „Schwankenden Jungfrau" und habe kurzfristig ein weibliches Reh, dann ein Alttier vor. Abrupt geht hier der Wind aus Ost bis Südost, manchmal auch Südwest. Schnell verabschiedet sich das Wild aus meinem Dunst und Blickfeld. Daher will ich eigentlich zum „Captain's Chair" wechseln. Aber der küselnde Wind macht meinen Wunsch und Willen zunichte. Ein alter Bock mit tiefem, rauem Bass schreckt anhaltend und dicht hinter der „Jungfrau", ich breche und baume entnervt ab. Der Wind ist einmal mehr gestolpert …

Es ist am letzten Jagdmorgen, am Dienstag 03:00 Uhr in der Früh. Die jungen Wilden sind voller Elan und Tatendrang, der Alte ist müde und mürbe von zahlreichen Morgen- und Abendansitzen am langen Pfingstwochenende. Außerdem muss er die Gesellschaft heute noch sicher nach Hause kutschieren. Es kommt nicht oft vor, dass ich auf einer Jagdsejour im Bett liegen bleibe. Heute aber ist so ein Morgen. Ein Fehler! Erst fällt noch Regen, aber kaum sind die Jungs mit meinem Jimny ins Revier gefahren, da klart es auf und wird ein schöner Morgen. Derweil ich selig schlummernd in des Bettes Pfühlen liege und im Traume auf dem Pfade eines Jägers wandle, von Sau und Rehbock träume. Jagdherr Thomas verabschiedete sich bereits am Vorabend, da er noch in Kaisers Rock zum Wilhelmshavener Kommando fahren muss. Es ist kurz nach 08:00 Uhr, da stürzt Max in mein Zimmer. Mit schlafverklebten Augen fahre ich hoch, schaue ihn verwirrt an, aber ahne sogleich, dass etwas nicht „comme il faut" ist. Ob ich denn nicht seine WhatsApp-Nachricht gelesen habe, fragt mich mein Sohn etwas vorwurfsvoll. Ich verneine, da der Netzempfang in der Pension suboptimal sei und ich den Schlaf der Gerechten schliefe. Was denn los sei? Trissi habe eine Sau angeflickt, wir müssten nachsuchen. Schlagartig bin ich hellwach! Ich springe in meine Klamotten, fahre mit der jeweiligen Bürste durch Zähne und Haare und ab geht es die paar Kilometer ins Goveliner Revier. Als wir im Örtchen Kovahl an Thomas' Anwesen vorbeirauschen, sehe ich aus dem Augenwinkel das grüne Auto vor dem Haus geparkt stehen und denke, dass er wohl mit einem seiner anderen Vehikel nach Wilhelmshaven gefahren sein wird. Zu diesem Zeitpunkt weiß ich noch nicht, dass der Jagdherr sehr wohl zu Hause steckt – die Reise war wegen einer Terminanpassung auf später am Dienstag nach Pfingsten verschoben worden.

Auf der Fahrt ins Revier erzählt Maxi seine Version des Hergangs: Trissi, der noch im Revier steckt, pirscht am frühen Morgen von der „Schwankenden Jungfrau" zur Kanzel an der Mondscheinwiese. Er hat günstigen Pirschwind: Gegenwind. Maxi erklimmt derweil den „Admiral". Als Trissi sich auf dem abschüssigen Forstweg der Wiese und dem kreuzenden Sandweg nähert, nimmt er drei Stücke Rotwild wahr, die nur unweit der Kanzel rechts vor ihm im Wildacker äsen.

Er bleibt stehen und beobachtet. Den schwachen Bock linkerhand auf dem Querweg nimmt er in der tiefen Dämmerung nicht wahr. Wahrscheinlich ist es der, den ich verprellte. Doch der Rehbock hat Tristan längst spitz und springt ab. Erst da bemerkt Tristan ihn. In sicherer Deckung verhofft das Böckle und schimpft und schreckt und meckert. Darauf zieht das Kleinrudel gemächlich über die Wiese und in den Forst – das Schrecken des Bockes ist dem Rotwild nicht geheuer. Trissi schleicht zur Kanzelleiter und glast erneut den Wildacker ab. Der Wind ist immer noch günstig, er weht ihm entgegen. Da entdeckt er im fahlen Licht fünf dunkle Flecken am Ende des Ackers, die er erst für Rotwild hält. Oben auf der Kanzel angelangt, wird ihm klar, dass die fünf Flecken Sauen sind. Sie brechen und wühlen im Acker. Das schwächste Stück beschießt er. Alle Stücke flüchten vom hinteren Eck in die Dunkelheit des Waldes, nur die beschossene Sau kommt ihm in leichtem Schweinsgalopp am rechten Wiesenrand entgegen, schlieft dann auf einem Wechsel durch die Hecke, über den Sandweg und in die grüne Wildnis. Maxi berichtet noch, dass am „Admiral" auch wieder eine einzelne Sau vorbeizog, fünf Minuten nach Trissis Schussabgabe …

An der Kanzel angelangt, lasse ich mir den Hergang von Tristan nochmal genau beschreiben. Es bestätigt sich Maxis Darstellung. Allerdings sehe ich sofort und messe es mit dem Entfernungsmesser nach, dass die Schussentfernung für einen sicheren Schuss viel zu gewagt war: 250 Meter – die jungen Wilden …! Ich klettere auf den Hochsitz, beschaue mir das Ganze von des Unglücksschützen Blickwinkel. Viel zu weit, denke ich. Anschließend gehen wir auf dem Sandweg gemeinsam zum Anschuss. Erneut lasse ich mir Trissis Beobachtung haarklein erzählen. Dann gehe ich allein in den Anschussbereich. Knapp wadenhoher Aufwuchs erwartet mich, und wiewohl Fahrtrinnen der Sauen auszumachen sind, finde ich trotz penibler Suche zunächst keine Pirschzeichen: Borsten, Deckenfetzen,

Schweiß oder sonstige Tröpfchen – Fehlanzeige. Doch! Da liegt ein winzig kleines Stückchen Schwarte mit Bauchhaar, nadelkopfklein! Weiter aber nichts. Wir inspizieren den rechten Wiesenrand. Auch hier keine verräterischen Pirschzeichen. Im Durchschlupf und auf dem Sandweg finden wir außer Schaleneingriffen nichts. Dahinter beginnt die grüne Hölle. So weit ich kann, schaue ich nach abgestreiften Pirschzeichen – vergeblich! Gemeinsam suchen wir alles noch einmal ab und sind so wenig schlau wie vorher. Ich überlege, dass Tristan die Sau vermutlich unterschossen, ihr eventuell minimal den Bauchscheitel quer nachgezogen hat. Sicher bin ich mir natürlich nicht. Mich macht es stutzig, dass sich die beschossene Sau von der Rotte getrennt hat, normalerweise ein Zeichen eines wie auch immer gearteten Treffers. Tristan ist voller Kummer, ein Häufchen Elend. Ich versuche, ihn aufzurichten, und sage, dass ihm das eine Lehre sein solle und man aus Fehlern mehr und besser lernen würde, so rau und hart das für das Wild auch sei. Aufrichten tut es ihn nicht wirklich – Gagerns Wort von dem Stück, das da draußen vor sich hinstirbt … Aber so weit sind wir nicht! Wir gehen nochmal alles durch und suchen erneut – erfolglos.

Also: zu weite Distanz, kein Kugelschlag, minimales Pirschzeichen, keinerlei auffälliges Verhalten der Sau in der Flucht, auch nicht auf der Strecke von 150 Meter, kein abgestreifter Schweiß an den Halmen im definitiven Durchlass, am Wechsel und danach, nur das Absondern der Sau – ein Hund muss her! Wir haben sowieso schon zu viel rumgetrampelt … Ich will es mit Thomas' Hund versuchen, eine Labrador-Hündin, die gut auf der Rotfährte geht. Ich rufe an und bin überrascht, als Thomas am Telefon ist. Ich berichte und frage den Hund an. Thomas erklärt, dass er nach einigem telefonischen Hin und Her nochmals den Termin seiner Abreise nach hinten schieben konnte und daselbst mit Hündin Belladonna alias Beau, genannt Bodo, am Ort erscheinen wird. Wir sollen warten. Das tun wir und sind erleichtert, als der Jagdherr eine halbe Stunde später eintrifft. Auch er wird genauestens instruiert. Dann lassen wir den Hund machen. Bodo zeigt weder am Anschuss noch danach gesteigertes Interesse, was so viel heißt, dass die Sau keinen Schweiß, den wir möglicherweise übersehen haben könnten, verloren hat – Bodo hat nämlich immer Hunger, und Schweiß versetzt sie in allerhöchste Erregung! Die Fluchtfährte geht sie gleichgültig aus, zeigt keine Rot- sondern eine normale Fährte an. Auch im weiteren Verlauf, in der grünen Hölle, findet Bodo, finden wir keinerlei Anzeichen einer wirklich angeflickten Sau. Nach einer Stunde der akribischen Suche kommen wir am „Admiral" vorbei, wo Maxi ansaß. Und da schließt sich der Kreis: Die Sau, die Max an diesem Morgen sah, wird die von Tristan gefehlt-gestreifte Sau gewesen sein. Bodo ist jetzt müde und ermattet, rein gar nichts versetzte sie in Aufregung. Die Nachsuche ist beendet, denn auch Jagdherr Thomas ist nach sorgfältiger Abwägung aller Erkenntnisse der Meinung, dass die Sau von Tristan unterschossen wurde: Scheitel nachgezogen! Tristan muss ihm versprechen, wiederzukommen, um die Scharte auszubügeln. Will heißen: eine Sau auf die Schwarte legen und zur Strecke bringen. Was für eine Ansage! Mit Thomas' Maßgabe geht unsere pfingstliche Jagdreise ins Goveliner Revier zu Ende, wir müssen die Heimreise antreten. Für dieses Mal ist die Jagd vorbei und Feierabend. Aber Maxi ist heiß und möchte gerne bleiben; er ist felsenfest überzeugt, wenn er sich anders zum Wechsel positioniere, dann könne er beim dritten Ansitz am „Admiral" endlich die Sau auf dem morgendlichen Wechsel strecken. Ein andermal. Vielleicht! Denn die jungen Wilden bedenken nicht: In der Göhrde stolpert der Wind …

Post Scriptum: Tage später hat Thomas am selben Ort die Rotte von fünf Schwarzkitteln vor – alle sind wohl und munter. Auch die mit dem frisierten Scheitel …!

Man trifft sich mehrmals

Der Ameisenkeiler

Ein Stück Wild erreicht prominenten Status, wenn es rar ist, selten in Anblick kommt oder andere Besonderheiten aufweist. Und begehrenswert wird das Stück, wenn es sich dem nachstellenden Jäger aufreizend lässig oder knapp entzieht: Knapp daneben ist auch daneben! Von einem Bassen, der mir solches im Sauerland tat, soll hier die Rede sein. Freilich, bis eines Nachts das Jagdblatt sich wendete …

Denn nichts ist von Bestand, wie ein Blick in die Geschichte lehrt: Schlechten Zeiten folgen gute Zeiten. Nun ist die Sippe Schwarzwild nicht selten, und ein Reduktionsabschuss ist nicht nur in Zeiten von Seuchenzügen sinnvoll und angebracht. Doch ist die Waidgerechtigkeit nicht außer Acht zu lassen, und technische Hilfsmittel etwa, die die stockfinstere Nacht zum Tage machen, einerlei ob gesetzlich und per Durchführungsverordnung rechtlich wie politisch erlaubt, sind kritisch zu betrachten und sollten nur in absoluten „Notzeiten“, also zur Verhinderung von und bei Seuchenzügen, genutzt werden. Für meinen Teil lehne ich diese als Abschusshilfe im jagdlichen Normalbetrieb ab. Das Wild braucht Rückzugszeiten und -gebiete, in denen es gemäß seiner Interessen und Belange gut leben kann. Nicht alles, was erlaubt, muss auch gefallen. Nein, wir Jäger führen keinen Guerillakrieg gegen das Wild und sind auch nicht auf Terroristenjagd – waidgerechte Jagd sieht auf Dauer anders aus! Jagdbetrieb und Jäger müssen sich vorrangig nach den Bedürfnissen der Wildtiere und nach wildbiologischen Erkenntnissen richten.

Der Ameisenkeiler war nun beileibe nicht das, was man gemeinhin als hauendes oder gar grobes Schwein beschreibt, also ein wahrer Urian oder ein heimlicher Waldgeist mit handtellergroßen Trittsiegeln. Nein, er war mit etwa drei Jahren eher noch ein Halbstarker. Aber er hatte schon diese Aura des Starken, des Heimlichen. Obwohl er gar nicht so ganz heimlich war. Zweimal war er im heißen Frühsommer 2019 mit der Wildkamera an der Kirrung des Ameisensitzes geblitzt worden; der Ameisensitz entlehnt seinen Namen einem formidablen Haufen der roten Waldameise, auch wenn der Ameisenstaat längst woanders wohnt. Dabei zog der Basse frühmorgens über die Kirrung, immer bei bestem Büchsenlicht! Sapperlot, so ein dreister, so ein feister Bursche! Aber wer in der Koje liegt oder anderswo hockt, kann eben auch keinen Keiler erlegen. Bei Tagesanbruch nuschelte er hastig an der Kirrung und verdrückte sich unverzüglich in die schützende Dickung. Kopfstarke Rotten hatten in den vorangegangenen, mondlosen Nächten den Ort der Lust bereits besucht und die vergrabenen Brocken vertilgt. Der Bursche – inzwischen nach dem Ort Ameisenkeiler apostrophiert – ging mir nicht aus dem Sinn, doch bei weiteren Sejours im Sauerland stellte ich ihm mehr gedanklich als praktisch nach. Denn, bitte schön, wie soll man einem unsteten Keiler gezielt nachstellen, der heute hier und morgen dort seine Fährte zieht?! Also verlegte ich in Zeiten dräuender ASP mein Sinnen und Trachten auf die Bejagung der Schwarzwildsippe im Allgemeinen, anstatt einem bestimmten Individuum nachzustellen. Im Revier waren wenigstens vier Rotten zugange. Allerdings hoffte ich insgeheim und vermeintlich naiv, auf den Ameisenkeiler zu treffen. Leibhaftig, nicht nur visuell und digital aufgezeichnet sollte er mir kommen. Und tatsächlich, aber das sollte noch dauern …

Waldgut Böhl bei Plettenberg, Anfang bis Mitte des julischen Monats in eben diesem Jahr 2019. Jagdaufseher Meinhard weilte im verdienten Urlaub am norddeutschen Strand, ich agierte derweil als seine Vertretung im Revier. Morgens wie auch abends, vor und nach der täglichen Revierarbeit saß ich an. Es war Kaiserwetter, heiß, die Tage lang, die Nächte kurz. Jagdlich ging es in erster Linie um die Bejagung der Jungfüchse. Es war an einem Sonntagabend, als ich gegen 21:00 Uhr die Dachsbaukanzel bezog und auf das Auftauchen der Rotröcke in der Wiese wartete. Nach einer Stunde trabte eine Joggerin über den Weg. Gott sei Dank war die Nordic-Walking-Sportlerin auf dem Rückpass – sie kam aus dem Forst geschnauft und strebte zur Siedlung. Also konnte ich noch auf Jungfüchse hoffen. Vierzig Minuten später, bei bestem Büchsenlicht, schob sich ein grauer Grind aus dem Strauchwerk. Lautlos! Das Haupt einer Sau! Potz Donner! Der Ameisenkeiler! Auf knapp 30 Gänge. Er kam aus dem Streifen Gestrüpp links oberhalb der Kanzel und zog in die Wiese. Der Wind stand gut, jedoch in diesem einen kurzen Moment, da der Keiler frei und breit in der Wiese, drehte die Brise und wehte zum Keiler! Der Wind, das himmlische, das höllische Kind! Der Basse nicht faul, nahm seine Schnüffeltüte hoch, drehte geschwind und trabte mit hohem Pürzel in den schützenden Busch. Dort verhoffte er in Deckung und zog nach oben in die sichere Dickung. Weg ist weg und Waidloch ist Waidloch – der Drilling blieb, wo er war: im Kanzeleck. Kruzitürken! Keiler so nah und doch so fern! Mit allem hatte ich gerechnet, nur nicht mit dem Ameisenkeiler. Noch nicht ganz erholt von dem Schock, da bemerkte ich einen Schatten in der Wiese, direkt vor der Kanzel. Jungfuchs? Glas hoch: nein, nicht so, da trollte doch tatsächlich ein hier seltener Waschbär zur Dachsbaukanzel und verschwand unter selbiger auf Nimmerwiedersehen. Auch das noch! Ich war vorerst bestens bedient. Aber es wurde noch ärger: zwei Minuten später stand am Waldeck ein sichernder Jungfuchs, verschwand aber, als ich das Gewehr ausrichtete. Das ging so einige Male, bis es für etwaige Schussversuche trotz der hellen Wiese zu finster wurde …

Zwei Jungfüchse jagten im Schutze der Dunkelheit weiter oben auf der Wiese. Als es ihnen nach der halben Nacht zu dumm wurde, denn im Mäusefangen waren sie jungfräulich, zogen sie beleidigt zu Holze. Die Altfuchsfähe löste ihre Bagage ab. Es war zu dunkel für einen Schuss mit der Hornet, trotz Mäuseln kam sie nicht auf Schrotschussdistanz heran. Um kurz vor 04:00 Uhr (!) schlurftrabte dann der bekannte, verschrobene Jogger mit seinem trotteligen Dalmatiner über den Weg. Fähe weg. Weder Jogger noch Dalmatiner hatten den Fuchs mitbekommen. Ob sie überhaupt etwas mitbekamen? Eine Stunde später erschien die Rote wieder, denn die Luft schien rein. Bisher hatte sie meine wohlfeilen Musikinstrumente samt wohlklingender Melodie aus Mauspfeifchen, Vogelklage und Kaninchenklage gründlich ignoriert. Aber jetzt reagierte sie auf die Mauspiepe und näherte sich interessiert. 50 Gänge, und endlich genügend Licht und Kugelfang! Die Hornet sprach, und die Fähe lag. Ein letztlich versöhnliches Ende eines kuriosen Nachtansitzes.

Vier Tage später hockte ich auf der Schlafkanzel, es ist die Ansitzeinrichtung jenseits des Weges in Sichtweite und gegenüber der Dachsbaukanzel. Das frustrierende Sau-Raus-Rein-Schauspiel wiederholte sich in selber Besetzung und ähnlich dramatisch wie vor Tagen. Nur zur Unterstreichung der Dramaturgie gesellten sich jetzt Wolkenbruch und Schauer. Punkt 22:10 Uhr schaute ich routinemäßig zur Salzlecke, die rechterhand im Tal auf 140 Gänge steht, da stand doch tatsächlich der Ameisenkeiler frei und breit am Rand der Wiese. Im hellen Bühnenstrahl des Abendlichts aus einer Wolkenlücke! Großes Kino! Und wie ich starrte und harrte in Schockstarre, da wendete der Basse und zog zu Holze, der grüne Vorhang schloss sich, die Wiese verwaist, die Waldbühne leer, Licht aus. Und Jäger guckte blöd. Ganz blöd! Der Ameisenkeiler hielt ihn gehörig zum Narren, machte ihn zum vollendeten Deppen im samtgrünen Rock.

Derweil die Rotten im Revier ihr zerstörerisches Werk verrichteten, nur nicht gerade dort, wo ich ansaß: Katz und Maus, Jäger und Sau … Die Schäden in den wenigen Wiesen des Fichtenwaldrevieres waren beträchtlich. Und ich hatte alle Hände voll zu tun, die Rasenplacken von links auf rechts zu drehen und die Löcher zu verfüllen. Es war heuer ein vermaledeites Mäusejahr – ungeheure Mengen von Waldmäusen und Wühlmäusen sah ich, fing sie in Hof, Stall und Keller, fand Weiden und Wiesen durchlöchert wie ein Schweizer Käse. Ging ich über den Rasen, dann flitzten die Mäuse vor meinen Stiefelspitzen in ihre Löcher – Loch an Loch in der Grasnarbe. Und die Sauen pflügten und brachen die Wiesen, immer auf der Suche nach den Mäusen. Da sollte doch was gehen! Vorerst ging aber nichts, außerdem reiste ich mit meinen Jungs zu Robert und Renate ins Bayerische, zur Blatt- und Fuchsjagd im Altmühltal. Zwei Monate sollten ins Land gehen, bis etwas ging. Völlig überraschend. Mal wieder.

Die Sauen waren schwer zu Gange am Ameisensitz und an der Wolfgangkanzel. Meinhard schlug daher vor, dass der eine da, der andere dort ansitzen sollte. Aber ich hatte das untrügliche Gefühl, am Böhl sitzen zu müssen, obwohl hier die Sauen seit längerem nicht mehr aktiv gewesen waren. Ich dachte mir, dass es wenig Sinn machte, den Sauen hinterherzulaufen. Besser wäre es, den Sauen einen Schritt voraus zu sein. Wenn man es denn immer so genau wüsste. Zudem hatte ich Meinhard am Nachmittag beim Ankirren und Anludern an der Dachsbaukanzel auf eine Rinne im Gras aufmerksam gemacht. Diese verlief von der Einfahrt des künstlichen Dachsbaues hangaufwärts zum Gestrüpp unterhalb der Hochspannungsleitung. Allerdings dachten wir an Iltis, Waschbär oder Marder, denn die Spur im Gras war nicht sehr ausgeprägt. Auf die Idee, es könnte eine Dachsrinne sein, kamen wir nicht. Doch Nomen est Omen! In der frühen Dämmerung, so etwa 20:25 Uhr, nahm ich auf der Kanzel Platz, war nach fünf Minuten jagdfertig. Um 20:40 Uhr ein Rascheln links vorne! Ich blickte durch das Glas zum Buschwerk: nichts. Ich blickte zur Einfahrt des Dachsbaues: ein Dachs! Er steckte seinen markant markierten Schädel aus der Röhre und windete. Dann schloff ein Jungdachs aus dem Bau. Ich wartete einen Augenblick, bis er einige Meter vom Bau entfernt und breit verhoffte – den Schrotschussknall vernahm Schmalzmann nicht mehr.

In den folgenden Stunden vergnügte mich ein einsamer Waldhase im Mondschein. Als seine Vorstellung zu Ende ging, schloss ich meine Äugelein und stellte die Lauscher auf Empfang. Äugelein wieder auf und gegen 23:30 Uhr erschien eine Geiß mit Kitz, etwa an der Kante des Waldschattens rechts von der Kanzel. Vertraut ästen beide vom grünen Kraut, zogen langsam näher, aber immer gerade so, dass sie noch im Schlagschatten blieben. Aber die Alte wurde plötzlich nervös, und sie wechselte zügig zum Waldrand, das Kitz hinterdrein. Weg waren sie. Wind konnten sie nicht von mir gehabt haben, also was war da los? Etwa Sauen unten im Tal? Meinem kühnen Gedanken wollte ich nachgehen, zumal die Tribüne des oberen Böhl jetzt leer im Mondlicht lag. Gegen 00:40 Uhr baumte ich ab, klaubte den Jungdachs auf und wechselte von der Dachsbaukanzel zur Schlafkanzel; von der Dachsbaukanzel ist wegen einer Bodenwelle das Tal nicht einsehbar und draußen stehendes Wild somit nicht sichtbar. Ich marschierte flotten Schrittes im Schlagschatten des Waldrandes zum Weg, legte den Dachskadaver dort ab, um ihn später zu meinem hinter der Forstschranke abgestellten Jimny zu tragen. Erst noch wollte ich von der Schlafkanzel ins Tal schauen, bevor es nach Hause zum Hof Kahlberg gehen sollte. Also über den Weg und in die Wiese hinein in den Schatten des jenseitigen Waldrandes. Der Vollmond leuchtete fett vom Firmament. Mein Bockbüchsdrilling steckte bereits entladen im Lodenfutteral – für die nahe Rückfahrt. Recht unbekümmert pirschend näherte ich mich der Schlafkanzel. Noch vor Erreichen der Kanzel hatte ich Einblick in das Tal. Und es traf mich der Schlag, das Blut gefror in meinen Adern: tatsächlich! Da waren sie, die Schrecken der zu Holze gezogenen Rehe! Drei größere und fünf kleinere Sauen wühlten in der Grasnarbe. Die größte Sau stand etwas abseits, allein und höher zum Forstweg, die anderen Stücke waren am Rande des Schlagschattens oder teilweise im Schatten der Bäume. Entfernung etwa 75 bis 140 Meter. Sofort zog ich mich, vorsichtig Fuß hinter Fuß setzend, hinter die Bodenwelle ins Dunkle zurück, packte den Drilling aus und lud. Dann pirschte ich ganz vorsichtig zur Kanzel, erklomm diese noch achtsamer, ließ die ganze Zeit die Sauen nicht aus den Augen, öffnete und schloss leise die Tür, öffnete behutsam das rechte Fenster und richtete mich ein. Erst einmal beobachtete ich die Rotte: die vermeintliche Leitbache, etwas abseits, die beiden anderen Bachen und die Frischlinge. Mit der Zeit war es möglich, der linken Bache zwei gestreifte Frösche, der rechten Bache drei größere, dunkle Frischlinge zuzuordnen. Die vermeintlich größte und abseits stehende Bache stand immer alleine. Permanent Wechsel zwischen Fernglasbeobachtung und Zielübungen mit dem Drilling – Drilling raus, Drilling rein … Leicht wäre es gewesen, das stärkste Stück oder die beiden anderen Bachen zu erlegen, da sie meist am nächsten und im hellen Mondlicht standen; mit den Frischlingen war es naturgemäß etwas schwieriger, da kleiner, und sie standen weiter weg und zeitweilig im höheren Gras gedeckt oder im Pulk. Aber ich wollte einen der drei größeren Frischlinge erbeuten. Dann entfernte sich die vermeintliche Leitbache oben zum Buschrand und verschwand über den Forstweg. Im Nachhinein musste ich mir eingestehen, dass die Leitbache nicht eine Bache sondern ein Keiler, nämlich der Ameisenkeiler, gewesen war …

Jetzt standen also noch sieben Stücke in der Wiese – unbekümmert die Grasnarbe nach Mäusen umpflügend, kamen sie langsam näher. Gerade da gaben die Batterien meiner elektronischen Ohrenschützer den Geist auf. Im Schein meiner Handytaschenlampe legte ich seelenruhig neue Batterien ein, als gäbe es keine Rotte Sauen da unten im Tal. Überhaupt war ich die Ruhe selbst, nur mein Herz klopfte mir bis zum Hals. Aber die Rotte war ja unbekümmert, zwar wuselig, aber eben nichtsahnend von des Jägers Anwesenheit und Absicht! Irgendwann passte es dann. Der Wind sowieso. Nachdem ich zum wiederholten Male einen der stärkeren Frischlinge ins Visier

genommen, aber immer und immer wieder abgesetzt hatte, stand endlich ein Frischling frank und frei und breit im hellen Licht! Bauz! Der Schuss war raus, alles orangegelb vom Feuerball, und dann, als die Augen akkommodierten, lag der Frischling, schlegelnd sein Leben aushauchend, in der Wiese. Der Rest der Rotte war über alle Berge des Böhls entwichen. Ich lud nach, aber das Stück lag! 75 Meter maß der Entfernungsmesser – das Schweinderl lag nahe der Schlagschattenkante im Gras. Nachdem ich meine Siebensachen gepackt hatte, ging ich zum Frischling und zog meine Beute hinauf zum Weg. Dann holte ich einen Sack aus dem Jimny und barg erst den Dachs, hernach den Frischling. Mit der Beute im Fußbodenraum des Beifahrersitzes ging es heimwärts zum Kahlberg – den Heckträger hatte ich daheim in Niedersachsen vergessen …

Ein paar Tage später saß ich am Ameisensitz an. Bereits um 20:00 Uhr war ich vor Ort, da der Fuchs am Vorabend schon zeitig um 21:30 Uhr, eine halbe Stunde bevor ich mich von 22:00 Uhr bis 06:00 Uhr dort erfolglos niedergelassen, revidiert hatte. Im Dunklen hockte ich, der Mond kam erst gegen Mitternacht raus, aber die zweite Nachthälfte würde taghell sein. Und ich hatte eine Rechnung offen! 20:40 Uhr ein dunkler Fleck linkerhand unter der Wildkamera – ein Dachs! Er zog ein Stückchen vor, bekam aber offensichtlich Wind und trollte sich sogleich nach links weg – keine Chance für den Jäger. Wie gesagt, es war zwar noch kein Mondlicht, aber auf dem Gras war es hell genug. Der Fuchs kam pünktlich um 21:20 Uhr. Auch von links. Er zog unmittelbar vor der Kanzel nach rechts, sodass ich ihn wegen der Brüstung nicht mehr sehen konnte, sah ihn sodann im Ausschnitt des rechten, vorderen Fensters. Wahrscheinlich bekam er dann Wind, denn auch er verabschiedete sich nach links, ohne Gruß. So ein Flegel! Eigentlich konnte ich jetzt nach Hause gehen, denn wenn Dachs und Fuchs feindliche Witterung gehabt hatten, kämen beide diese Nacht nicht wieder. Aber die Sauen!

Irgendwie hatte ich das Gefühl, dass die Sauen noch kämen. Und mit dem Keiler vom Böhl, dem Ameisenkeiler, den ich vor drei Tagen fälschlicherweise als Leitbache deklariert und pardoniert hatte, war auch noch eine Rechnung zu begleichen, eine deftige, eine heftige!

Plötzlich, es war mittlerweile 22:35 Uhr, knackte es rechts oberhalb vom Mahlbaum. Von dort wechseln die Sauen normalerweise an, wenn sie oben aus dem Hang kommen! Schweres Wild im Anmarsch! Dann machte es „Klack-Klack-Klack". An den steinigen Kirrungen oben rechts war Besuch. Im Stockdusteren konnte ich den Besucher nicht ausmachen. Doch auf einmal schob ein grauer Grind am Steinhaufen in meine Richtung. Ein Keiler! Der Ameisenkeiler! Energisch mischte er Steinhaufen wie Reisighaufen auf – die Brocken flogen nur so durch die Gegend. Dann ganz unvermittelt holte sich der Schweinepuckel zweimal Wind. Dabei zog er in Deckung der Bäume nach rechts unterhalb der Kanzel, das erste Mal etwa 20 Schritte weg, dann verholte er wieder nach oben zum Steinhaufen. Erneut das Spielchen – diesmal stand er am Gebüschrand der Lichtung rechts hinter meinem Sitz, knappe 10 Meter nah! Aber das rechte Fenster war wie immer wegen des Windes geschlossen! „Wenn er jetzt Wind von mir bekommt, ist alles aus. Wenn er keinen Wind bekommt, ist alles gut!", dachte ich, da sich der Basse wieder nach oben trollte. Also alles gut! Diesmal zog er etwas vor zum Holzstubben unter dem Mahlbaum und nuschelte dort genüsslich, stand aber immer noch zu weit rechts für eine einigermaßen gerechte Schussposition, denn mein Drilling war im linken vorderen Fenster postiert. Zum rechten vorderen Fenster wollte ich nicht umbauen, um den Keiler in der kritischen Anfangsphase nicht zu beunruhigen. Er sollte sich erst sicher fühlen! Warten war angesagt! Dann zog der Keiler etwas vor und machte sich an dem nächsten Kirrloch zu schaffen. Jetzt konnte ich die Waffe haarscharf links vom Mittelholm nach rechts in Anschlag bringen. Als der Basse breit stand, ließ ich die

Kugel fliegen. Knall und Feuerball! Dann lautes Brechen und Gepolter nach rechts weg, wie bei einer Todesflucht. Kein Keiler mehr zu sehen! Aber ich war mir eines sauberen Schusses und guten Abkommens sicher! Vorerst eine Viertelstunde warten! Ich packte meinen Rucksack, sortierte Waffe und Taschenfunzel für eine angenommene Totsuche, beantwortete Sabines WhatsApp-Anfrage, denn sie hatte den Schuss vom nahen Kahlberg gehört. Dann informierte ich Meinhard: Ich würde zum Anschuss gehen und mein weiteres Vorgehen von den Pirschzeichen abhängig machen. Und mich dann wieder melden. Keinesfalls wollte ich bei zweifelhaften Zeichen einen angeschweißten Keiler in Dunkelheit im Unterholz nachsuchen …

Mittlerweile waren zwanzig Minuten vergangen. Am Anschuss dann viel blasiger Lungenschweiß, hangabwärts, also in der Richtung, aus der ich das Krachen gehört hatte! Der Schweiß hörte aber nach wenigen Schritten auf. Also schaute ich hangaufwärts nach. Und tatsächlich: nach oben jede Menge Rot wie mit der Gießkanne gegossen, rechts und links der Fluchtfährte! Und jeder Baum und Strauch war angeflohen und rot lackiert! Dennoch leuchtete ich 20 Meter voraus alles ab, folgte erst dann behutsam der Rotfährte. Und weiter so, denn auf einen annehmenden Keiler im düsteren Unterholz hatte ich so gar keine Lust! Da leuchtete etwas grauweiß im Strahl der Leuchte – es lag auf der rechten Seite der längst verendete Ameisenkeiler in einem roten, toten Fichtenzopf, an der Waldkante zur Windwurffläche. Die Fluchtfährte betrug 70 Meter, doch wegen der S-Schleife in der Todesflucht lag der Ameisenkeiler keine 40 Meter vom Ameisensitz. Erleichtert informierte ich Meinhard. Der treue Freund kam sogleich zu Hilfe, und mit vereinten Kräften bargen wir den Keiler vom Ameisensitz. Am Ende doch noch Ameisenkeiler tot!

Knoten geplatzt

Das Ratz-Fatz-Keilerchen

Wochenlang hatte ich „auf den Sauen gesessen“, ohne dass ich zu Schuss gekommen war. Wenn man den Schwarzkitteln so nah und dem Jagderfolg doch so fern ist, dann fängt man an zu grübeln, ob nicht ein Nachtzielgerät dort, wo erlaubt, das Mittel der Wahl wäre … Aber nein! Wir sind nicht im Krieg, wie mehrfach an- und ausgeführt. Es muss auch anders gehen: waidmännisch, fair, respektvoll dem Wild gegenüber.

Ende Februar 2020 im Sauerland, im Märkischen Kreis. Neumond, dunkelschwarze Nächte, sturmgepeitscht. Das Wetter, so miserabel wie ehedem, gleicht einer Folge von Perlen auf einer Perlenkette, aber von pechschwarzen Perlen, denn ein Sturmtief jagt das nächste. Schnee und Frost – Fehlanzeige. Aber es glimmt Hoffnung: Der lokale Wetterbericht sagt für die nächsten Tage Schnee voraus, bevor die darauf folgende Warmfront mit Sturmgebraus über das geschundene Land herfallen und der weißen Pracht ein schnelles

Ende bereiten wird. Vielleicht geht ja jagdlich endlich etwas. Wasser von oben und im Erdreich gibt es über die Maßen, was in den beiden vergangenen Sommern Mangelware war. Nun sind die vom Käfer geschädigten Fichten auch noch von Windwurf und Windbruch bedroht – die aufgelichteten Wälder bieten dem Wind zusätzliche Angriffsfläche, die ehemals im inneren Bestand gestandenen Bäume sind nicht winderprobt, und die ohnehin flachen Wurzler finden in dem wassergesättigten Oberboden keinen Halt. Zu allem Unbill nehmen die Chinesen momentan kein Holz ab, wegen der Corona-Krise. Sie waren die Retter in der Not der holzübersättigten Märkte, auch wenn zu halsabschneiderischen Bedingungen! Später dann, im Laufe des Sommers, werden sie wieder Holz kaufen, aber zu noch unerträglicheren Bedingungen – es ist ein Käufermarkt, dem Produzenten bleibt unter dem Strich nichts bis minus. Vetter Philip spricht mit leichenbitterer Miene, Waldbauen mache dieser Tage, dieser Jahre, keinen Spaß mehr. Ich kann es ihm nicht verdenken. Denn sein ehedem gepflegter Forst hat enorm gelitten. Auch die norddeutschen Spargelbauern bangen um ihr Geschäft, das Ostergeschäft, deren wassergeschwängerte Äcker erlauben keine rechtzeitige Bearbeitung und Bestellung – die bayerischen Bauern wird's freuen, dort ist das Wetter besser, trockener, sie werden das Spargelgeschäft zu Ostern machen – der frühe Bauer verkauft den Spargel zum besten Preis! Das Klimageschehen ist außer Rand und Band …

Ich reise mit meinen Jungs Maxi und Trissi zu Sabine auf den Kahlberg. Sabine musste auf Grund des gleichnamigen Orkantiefs einiges an freundlichem Spott ertragen. Und immer noch heult der Wind der Töchter Sabines in den Kronen und zerrt an den strapazierten Nerven. Maxi und Trissi wollen am Wochenende ihr Jagdglück in dem Revier eines Freundes versuchen, während ich weiter in das sonnige Bayern reisen werde, um meinen jüngsten Sohn Vinni für eine Woche dazuzuholen – glückliche Fraternität vereint!

Noch liegt kein Schnee und die jagdlichen Allüren der Jungs bleiben an diesem Wochenende vor Rosenmontag unbelohnt. Es ist kein Licht, die Rotte von vier Frischlingen, die sich allabendlich früh zeigt, kann trotz der frühen Stunde nicht bejagt werden. Und am Morgen zeigt sich nur Federvieh am Luder. Vielleicht werde ich gewissermaßen zum jagdlichen Abstauber avancieren, denn wenn Maxi und Trissi am Sonntagabend abgereist sein werden, wird Anfang der närrischen Woche der Schnee kommen und ich werde zur Jagd im Waldgut Böhl schreiten – wie gemein ist das denn: Es ist Karnevalszeit, nicht nur sind da die Buntjecken sondern dort auch die Schwarzjacken los …

Doch zu allem Übel des Wetters plagt mich eine Erkältung, jetzt, da alles vom Corona-Virus und niemand mehr vom ASP-Virus spricht … noch nicht! Aber Husten und Niesen machen einen Ansitz zweck- und nutzlos – welches wilde Tier hielte schon anhaltendes Räuspern, Prusten und Niesen des Homo sapiens aus?! Nein, ich machte mehr kaputt, als es dem jagdlichen Tun Gutes bereiten würde, und bleibe vorerst daheim. Bis zur Mitte der Woche halte ich aus und durch. Dann nehmen Husten, Niesen und Wind ab wie Schnee und Jagdlust gleichermaßen zunehmen. Längst sind Maxi und Trissi am Sonntagabend per Bahn abgereist – mit erheblicher Verspätung. Alle reden vom Wetter, mittlerweile auch die Bahn. Und da muss mal wieder Papas Individualverkehr herhalten, denn auch der Schienenersatzdienst der Bahn funktioniert nicht! Ich fahre also nach Werdohl, wo die Jungs mit der Bahn gestrandet sind und kutschiere sie weiter nach Hagen Hbf. Dort nehmen sie einen letzten ICE über Hannover statt über Dortmund nach Bremen. Sie kommen mit drei Stunden Verspätung zu Hause an. Soweit zu den politischen Plänen, den Individualverkehr auch in der Fläche zu ächten, statt zu achten …

Ich nutze meine einsetzende Rekonvaleszenz und kirre und ludere mit meinem Jüngsten Dienstag und Mittwoch frisch an. Überall

steht Regenwasser in den Luderlöchern, aber es ist Bewegung drum herum! Der seit langem ersehnte weiße Leithund zeigt Bilder und Bände in seinem Kleid: Schnee, darin Fährten, Spuren und Geläuf! Sabine und Vinni erteilen mir Approbation, ich nutze die Gelegenheit und sitze am Abend des Aschermittwochs am Ameisensitz, da, wo die führungslose Rotte bis spätestens gegen 19 Uhr tagtäglich erscheint. Wie der Monitor zeigt, ist die Rotte mutterlos – da hat wohl ein Jagdscheininhaber auf das „dickste Schwein" gefeuert. Ist ja auch am einfachsten ... Wie schädlich und schändlich. Jedenfalls ist die Viererbande ohne Führung und daher immer früh am Abend an der Kirrung. In dicken Klamotten, denn es ist um die Null Grad Celsius, bekanntlich die unangenehmste weil feuchteste Kälte, besteige ich gegen 18:30 Uhr die Kanzel – fünf Minuten später ist alles gerichtet, die beiden vorderen Fensterluken sind geöffnet, ich merke mir die Lage der drei schwarzen Punkte im weißen Schnee – Steinhaufen, Stubben und eine der Luderstellen oben rechts. Der Bockbüchsdrilling liegt auf der linken Fensterbrüstung, obwohl die Sauen meist rechts oben erscheinen, aber ich glaube, dass zuerst der Marder kommt, der zwar immer nach den Sauen kam und das

Nachsehen hatte, aber warum sollten ausgerechnet heute, da Schnee liegt und es hell ist und ich ansitze, die Sauen auch so früh kommen wie zur Dunkelheit? Also glaube ich zuerst an den Marder, und der kommt meist von links, und der Drilling ist auf Schrot gestellt. Glaube versetzt Berge, und den Jäger! Es sind nur wenige Minuten seit dem Aufentern vergangen, da schaue ich nach unten auf das abgedunkelte Smartphone, um die Entwicklung des Wetters ein letztes Mal zu prüfen: Es soll noch mehr Schnee geben.

Als ich wieder nach oben und draußen schaue, noch etwas geblendet vom Bildschirm, steht da ein dicker, schwarzer Klumpen statt der drei schwarzen Punkte. Wie? Wie, da steht ein dicker, schwarzer Klumpen? Offensichtlich sind nicht nur meine Augen geblendet, sondern auch mein Hirn. Mit dem Feldstecher erkenne ich den schwarzen Klumpen als lebende Masse von vier großen Frischlingen – die Viererbande ist pünktlich vor 19:00 Uhr am „Futtertrog" … Jetzt heißt es mal wieder, den Drilling umzubetten, Leuchtabsehen an, Handspannung für die große Kugel anschieben und einstechen. Ich visiere die Frischlinge an, einer hat sich, jetzt zwei haben sich zum Stubben vorgeschoben, stehen spitz. Ein dritter schiebt sich heran, futterneidisch fetzt er sich mit den anderen um die Maiskörner. Endlich steht einer frei, und es macht leise „Klick" statt laut „Krawumm"! Depp! In der Eile habe ich vergessen, zu entsichern! Ein Fuchs wäre weg gewesen, aber die marodierenden Frischlinge sind toleranter weil jung. Ich entsichere, steche ein und visiere erneut. Keines der Bandenmitglieder steht schussgerecht, und jetzt laufen sie auch noch ins obere Eck zurück. Haben sie Wind von mir? Es muss jetzt schnell gehen, sozusagen ratz-fatz, bevor die Frischlinge Witterung erhalten und sich empfehlen werden.

Einer wagt sich wieder vor, ein zweiter, ein dritter, der vierte steht oben am Steinhaufen. Nicht ein Frischling steht breit, doch, da dreht einer, aber er steht in Deckung mit einem zweiten. Der eine zieht zwei Schritte vor, der andere wendet. Jetzt stehen sie einzeln, aber wieder spitz. So ein Gewusel! Ich konzentriere mich auf den Frischling, der am Stubben bricht. Laut poltern die Steinchen, und nicht nur die Steinchen. Denn als dieser Frischling sich breit und frei stellt, bricht augenblicklich der Schuss: Bautz! Die Bande spritzt auseinander, drei verschwinden nach oben in den Wald, einer trennt sich von der Rotte und saust nach unten weg. Der vom Stubben! Ich bin mir eines guten Schusses sicher. Das ging ja ratz-fatz, es ist 18:55 Uhr, ich habe erst zwanzig Minuten gesessen. Ich lade nach, packe mein Bündel zusammen, hole die LED-Funzel hervor und gehe ohne Geraffel, nur mit Leuchte, Glas und Gewehr gerüstet zum Anschuss. Da liegt Schweiß, rot auf weiß, wie gegossen. Ich folge der Rotfährte hangabwärts, der Kujel hat die Fichte angeflohen und rot drapiert – ein gutes Zeichen. Dann geht es aus der tief beasteten Fichte heraus auf die Freifläche, alles rot, hier ist das Schweinchen im Schnee geschliddert, hat sich nochmal aufgerafft, aber da liegt es ja im Gestrüpp, fünf Gänge weiter. Waidmannsdank! Es ist ein Keilerchen, das Ratz-Fatz-Keilerchen, das mir da im Schnee zur Beute wurde. Dem Schnee sei Dank – endlich ist der Knoten geplatzt.

Eine totale Niederlage
Waterloo

ASP und die Sauen: Die Schwarzwildbestände müssen reduziert werden. Diese Maxime scheint derzeit alles jagdliche Tun und Denken zu beherrschen. Besser gesagt, die Bestände müssten weiter reduziert werden. Die Raubwildjagd bleibt fast hintenan – nicht ganz.

Februar 2020 im Märkischen Kreis: Ein bescheidener Winter, der eigentlich kein Winter ist, neigt sich zwar nicht dem Ende zu, macht doch seiner Miserabilität alle zweifelhafte Ehre: kein Schnee, kein Frost. Und wenn die Schweinesonne vom Himmel blitzt, dann stürmt und regnet es, oder eine dicke Wolkendecke verhüllt den Erdtrabanten, und der Wind weht grundsätzlich vom falschen Ende! Himmelherrgott Sakrament, verflixt und zugenäht, so geht jagdlich gar nichts – die Sauen spielen Katz und Maus mit mir, die Reduktion dümpelt dahin. Drei Tage nach Mariä Lichtmess herrscht endlich passable Witterung! Flugs mache ich mich auf zum Böhl und sitze auf der Dachsbaukanzel. Mich dünkt, hier könnte was auf Fuchs und Sauen gehen. Denn die Schwarzen haben am Luderloch geschmaust, ihre Trittsiegel sind im von massenhaften Mäusen frei gehaltenen Boden gedruckt, und der rote Freibeuter hat auch seine Marke an den Löchern hinterlassen. Außerdem holt er sich regelmäßig die Luderbrocken ab, die die Sauen übrig ließen. Wenn sie denn etwas übrig ließen. Weil sie aber nicht jede Nacht erscheinen, macht der Rote eine Regel und kommt routinemäßig jede Nacht vorbei – jetzt braucht es noch ein wenig Licht vom Himmelsgestirn und Wind aus der richtigen Richtung. Die Ranzzeit ist hier vorbei (!) und wieder lockt der Luderplatz – mich und die anderen Gesellen!

Da sitze ich also am Mittwochabend auf der Dachsbaukanzel, bin frühzeitig Schlag 19:00 Uhr aufgeentert, denn irgendwie sagt mir mein Gefühl, da hier länger nichts mehr funkte, der rote Genosse kommt früh! Der Wind streicht von links nach rechts und günstig aus West, und ich erwarte den Räuber aus dem Dickicht passend. Gleich nebenan in der Wiese liegt das Luder im Loch, etwas oberhalb der Stelle, an welcher der Fuchspass mündet. Mein Bockbüchsdrilling liegt mit adäquater 16er-Schrotladung 3 mm, Hornet und großer Kugel schussbereit auf der gepolsterten Brüstung und zeigt in Richtung Luderplatz – meist muss es da schnell gehen! Hier passt ein dicker Fuchsrüde, den Meinhard vor einigen Wochen für ihn ganz untypisch mit Schrot gefehlt – bei schlechtem Licht hatte er den „falschen dunklen Haufen" in der Wiese behagelt, der Maulwurfshügel blieb davon ganz ungerührt, und der andere, der „richtige dunkle Haufen", wurde zum schnellen Strich und verabschiedete sich zügig. Auch eine schlanke Fähe macht sich hier zu schaffen. Beide sind nun aber vorgewarnt, denn hier kann es funken, und so ist das rote Räuberpaar entsprechend achtsam. Das soll ich wohl noch zu spüren bekommen …

Eine halbe Stunde hocke ich ganz entspannt und gespannt, blicke nach vorne, da steht plötzlich ein dunkler Schatten unten am Eck unterhalb des Luderloches. Der Rote ist da! Sehr früh! Und sehr mächtig. Breitseitig steht er, setzt sich sofort in Bewegung – in marinemilitärischer Manövertaktik spräche man von „crossing the T“ – der Lümmel wird schneller, schnürtrabt nach rechts mit wehender Standarte, zeigt mir bereits sein Waidloch, läuft jetzt schon über die Wiese Richtung Hochspannungsmast, entkommt und verschwindet hinter der Bodenwelle. Das war's! Ich habe noch nicht mal meine parate Artillerie in die Hände nehmen können. Was war jetzt das? Mir scheint, der Rüde hat irgendwie Wind bekommen und Lunte gerochen, kümmerte sich null und gar nicht um die verlockenden Luderbrocken. Kaum ist er weg, da kommt die Fähe raus, oben am Luderloch, schnüffelt kurz am Luder und ist schon wieder im Gebüsch verschwunden. Potz Donner! Was ist nun wieder los? Ich krame in meiner bildlichen Erinnerung – darin kommt mir die Fähe irgendwie „komisch“ vor, und als ich noch sinniere, erscheint etwas weiter unten und näher zu mir mit Paarsprung … ein Steinmarder! Die Fähe war ein Marder! Der inspiziert das erste Loch, das zweite Loch, und nun klaubt er von den kleinen Brocken im Gras. Ich höre das Knacken der Luderbröckchen in seinem Gebiss. Längst bin ich im Anschlag, Weißkelchen soll mir nicht entkommen. Jetzt bin ich drauf, der Marder ist breit, „Krawumm“, der Schrothagel bannt den Räuber am Platze. Oben am Waldrand springt ein Reh ab, das hatte ich gar nicht mitbekommen. Es ist erst 19:45 Uhr – ein Auftakt fast nach Maß. Ich lade nach, gucke nach dem Marder, aber er liegt da und rührt sich nicht. Ich ziehe den Hut und erweise ihm die letzte Ehre.

Vielleicht kommt sie ja noch, die Fähe? Irgendwann raschelt der alte einsame Waldhase rechts von meinem Versteck aus seinem Verborg hervor, erst höre ich ihn, dann sehe ich ihn, er hoppelt hoch zum Salzleckstein und weiter ins Eck, bevor er für diese Nacht zu Holze passt. Vom Lennetal höre ich zehn Schläge der Kirchturmglocken, für heute soll es reichen – manchmal ist weniger mehr. Ich schaue noch an der Schlafkanzel vorbei. Unten im Tal, unterhalb des „roten Hauses“ von Knut und Karin, stehen zwei, drei Rehe, äsen friedlich und ungestört von Kraut und Gras. Sollen sie ihre Ruhe haben. Mit der willkommenen Beute im Rucksack – dem Steinmarderrüden – schiebe ich nach Hause und mich ein.

Der folgende Ansitzabend am selben Ort bleibt ereignislos, lediglich einiges Rehwild massiert sich unterhalb der Schlafkanzel, bis zu acht Stücke tollen dort herum. Aber Fuchs und Sau bleiben unsichtbar, und auch kein Marder zeigt sich, jedenfalls nicht in der Zeit, zu der ich die Vorstellung besuche. Also kehre ich Freitagabend in ein anderes Kino ein, das Kino vom Ameisensitz. Hier zeigt der Bildschirm, dass die Sauen munter zu Kehr gehen. Also ran an die Rotte! Durch die Videoaufzeichnungen weiß ich, dass ein Steinmarder in der vorherigen Nacht um 22:00 Uhr von den Sauen vertrieben wurde. Also muss ich auch hier frühzeitig sitzen. Nichts lieber als das – wer mich und meine Fährte kennt, der weiß, dass ich es verabscheue, spät und hastig zum Ansitz zu kommen. Am Abend

kurz vor 19:00 Uhr, der frühe Mond hat die Sonne abgelöst, besteige ich den Ameisensitz. Diesmal soll es wohl mit den Sauen klappen, und daher habe ich mich ganz rechts in der Kanzel angeordnet, das rechte Seitenfenster wie das rechte vordere Fenster aufgeklappt, alle anderen Luken bleiben zu. Der Bockbüchsdrilling liegt im rechten vorderen Fenster, da ich zuerst mit dem Erscheinen des Marders auf der Freifläche, dann später mit Schwarzwild rechne.

Meistens kommen die Sauen oben rechts aus dem Waldhang und brechen zuerst im dunklen Eck. Zu oft schon konnte ich nicht schießen und nichts zur Strecke bringen, weil die Sauen nicht aus der Ecke kamen, das Gewehr im falschen Fenster lag oder das rechte Fenster des Windes wegen geschlossen war. Bis sie dann endlich Witterung von mir hatten – und Tschüss … Das soll mir heute Abend nicht passieren. Manchmal kommen sie aber auch von unten rechts und ziehen hoch zum dunklen Eck. Dann kommen sie aus Vetter Philips Revier über den steilen Gegenhang hinab zum Hohlweg, den querend, und nach dem Blemke-Bach ins Gestrüpp den Hang hinauf zum Ameisensitz. So wie neulich, als ich Schlag 02:00 Uhr Feierabend machte, mein Geraffel packte, Drilling schon im Filz, Luke noch auf, da kam die Dreierrotte von unten anspaziert. Hektisch wurde der Bockbüchsdrilling ausgepackt, geladen und ausgerichtet, aber es dauerte trotz aller gebotenen Eile zu lange – die Führungsbache hatte schon Wind, und mit einem „Wfff" ging die Bande ab nach oben. Mal sehen, wie ich es heute anpacke!

Die eilenden Wolken spielen mit dem Mondlicht, mal gibt es diffuses Licht, was eigentlich ideal ist, wenn sich ein dünner Wolkenschleier vor den Mond geschoben hat, dann wieder knallhelles Licht vom fast vollen Mond mit dunkel-schwarzem Schlagschatten. Der Jagschriftsteller Andreas Freiherr v. Nolcken beschreibt es treffend: „Unter den lichtstehenden, dichtbeasteten Fichten blieb der Waldboden aper. Die Stellen lagen wie dunkle Räder um die Bäume und wirkten wie ein Gemälde von hell und dunkel." Ich bewundere gerade dieses Nolcken'sche Gemälde von hell und dunkel, da meine ich, ganz leise „Knack-Knack" zu vernehmen, so wie wenn der Marder die Luderbrocken knackend kaut. Aber ich muss mich wohl getäuscht haben, denn ich kann nichts entdecken. Es ist 20:30 Uhr. Dann höre ich erneut ganz leise „Knack-Knack". Diesmal gibt es keinen Zweifel, diesmal ist es keine Täuschung. Ich nehme das Fernglas zur Hand und schaue mich um, finde keinen Marder. Aber da! Da steht doch eine einzelne Sau, schwarz, dunkel, mit grauem Grind, oben rechts hinter dem Steinhaufen im dunklen Eck und blickt direkt in meinen Ansitzkasten! Sapperlot! Ob das Stück nun Wind von mir bekam, oder eher meine Bewegung wahrnahm, jedenfalls dreht der Keiler und verabschiedet sich, er verschwindet lautlos, rechts weg zur Suhle und ist nicht mehr zu sehen. Na, vielleicht kommt der Basse wieder, denke ich, denn er ist nicht panisch geflüchtet.

Eine Stunde ohne Bühnenschau vergeht. Der Drilling liegt immer noch im vorderen Fenster, in Erwartung des Marders. Ein durchsichtiger Wolkenschleier hat sich vor den Mond geschoben, das Gemälde ist jetzt gleichmäßig mäßig hell. Ideal zum Beobachten! Da knackt es einmal laut, rechts von meinem Sitz! Jetzt rollt der Keiler heran, denke ich, und tatsächlich kommt eine Sau, kommen zwei Sauen, drei Sauen von rechts unten aus dem Buschfilz, schieben sich zwischen dem Birkenstubben und dem Reisighaufen auf den Rasenfleck hinter die Solitärfichte. 30 Gänge etwa. Déjà-vu! Es ist eine Bache mit zwei starken Frischlingen. Frischlinge, die fast schon die Größe der Bache haben und bei dem fahlen Licht eher schwierig zu unterscheiden sind. Sie ziehen hoch zum Eck, bleiben aber vorerst vom unterhalb stehenden Strauchwerk verdeckt, sondieren die Lage. Ich kann nur den Schinken und schwenkenden Bürzel des letzten Frischlings sehen, die beiden anderen Stücke weiter oben sind komplett vom Busch gedeckt. So wie die Sauen vorsichtig und achtsam sind, so passiert doch alles in Sekundenschnelle, ich habe keine Zeit, zur Besinnung zu kommen. Geschweige denn, den Drilling umzubetten – nach rechts!

Dann machen die Sauen kehrt, ziehen die paar Meter auf mein Versteck zu, bleiben etwa 10 Meter vor der Kanzel stehen, Bache, Frischling, Frischling – und Bache und Konsorten blicken direkt in mein Fenster. Wie dreist! Ich kann kein Haar rühren, geschweige denn eines krümmen. Die Dreierbande macht kehrt und zieht hinter dem Busch wieder nach oben ins Eck, ich bette mein Gewehr nach rechts um, im Eck stehen sie im Pulk, hin und her, her und hin, es ist ein Gewusel, ich bekomme die Frischlinge nicht frei, nichts zu machen. Die drei Sauen sind extrem nervös, unsicher und fahrig, irgendetwas stört sie. Haben sie Wind von mir? Dann müssten sie schon über alle Berge sein! Auch Déjà-vu! Was ist nur los? Sie ziehen in Deckung zur Salzlecke, verhoffen dort, jetzt gut sichtbar auf etwa 60 Gänge recht voraus, abwartend. Gerade packe ich den Drilling von rechts nach vorne, da ziehen die Sauen wieder nach rechts unten, erscheinen sekundenlang an der Solitärfichte und trollen sich dann erneut nach oben ins Eck an die Luderstelle. Plötzlich sind es vier Sauen! Der Keiler ist zurück! Er also hat die Bande so nervös gemacht. Jetzt poltern und klappern die Sauen oben am Luder, sie wuseln hinter-, unter- und umeinander, es geht zu wie in einem Heringsschwarm, es ist nichts zu bestellen. Wieder verschwinden die Sauen nach unten zur Solitärfichte, stehen beisammen, alles geht schnell, zu schnell, das Licht ist zur Abwechslung mal schlecht, erneut ist kein Stück einzeln und frei stehend. Und dann ziehen die vier Sauen nach oben, diesmal vor dem Busch und nuscheln in den Resten des Reisighaufens. Inzwischen ist das Licht so schlecht, dass ich die Sauen vor dem dunklen Hintergrund kaum ausmachen kann – dunkle Sau vor dunklem Grund, und ich verlagere mal wieder mein Gewehr von vorne nach rechts. Die Sauen stehen unschlüssig vor dem Reisig, unterhalb des dunklen Ecks, ich richte mein Gewehr aus, bringe mit Müh und Not das Absehen auf einen Frischling, der halbwegs frei steht, endlich steht der Rotpunkt im Leben und ich will gerade abziehen, da dreht der Frischling ab und ist von einer anderen Sau gedeckt. Die Rotte verschwindet nach oben. Ich verliere die Sauen aus den Augen, entdecke sie einen Augenblick später an der Salzlecke, sie sichern, sind extrem scheu, so wie ich nervös bin, denn einmal mehr liegt mein Gewehr zum falschen Fenster heraus. Beim Umbauen ratsche ich mit der Gewehrauflage am Rahmen des Fensters, „Chrrr" macht es ganz leise, aber es reicht, die adrenalingeschwängerten Sauen flitzen, anders kann ich es nicht nennen, über den Berg und in die Wälder. Das war es dann. Bis Mitternacht hocke ich noch auf meinem Foltersitz. Natürlich kommt nichts mehr. Auch der Marder zeigt mir eine lange Nase. Und ich mache ein langes Gesicht … Womöglich hätte ich irgendeine Sau auf Krawall erlegen können, aber es sollte einer der starken Frischlinge sein, nicht die Bache, eher nicht der Keiler, und schon gar nicht ein Stück aufs Geratewohl aus dem Pulk mit Kollateralschaden. Waidgerechtigkeit kann auch mal eine totale Niederlage bedeuten – es geht einem dann wie dem alten Bonaparte bei Belle-Alliance: Waterloo! Mein Waterloo. Aber das ist auszuhalten! Noch …

Offene Rechnung

Überraschung am Luderplatz

Am Ameisensitz kam am gestrigen Abend das Ratz-Fatz-Keilerchen zur Strecke. Dort steht tags darauf eine genagelte Spur im Schnee. Und die Wildkamera zeigt Grimbart, wie er um Mitternacht den Luderplatz sondiert. Nagelspuren auch an der Grenzkanzel und an der Flugzeugkanzel – Schmalzmänner sind einige unterwegs, trotz Schneelage.

Vom Schneefall sind sie genauso überrascht worden wie ich. Aber was macht Reineke? Noch zwei Tage, dann ist Schluss mit Schuss. Ich muss den späten Schnee nutzen zum Schlusssspurt auf den Roten …

Denn an der Dachsbaukanzel ist mit Reineke noch eine Rechnung zu begleichen. Seine Sippe hat Schabernack mit mir getrieben, will sagen: Hier habe ich buchstäblich in die Röhre geguckt, die Roten haben Balg wie Leben vor Hagel und kleiner Kugel gerettet. Überhaupt ist dieser Winter miserabel – kein Frost, kein Schnee und die Ranzzeit überschaubar kurz. Lang ist mein Gesicht, denn die Fuchsstrecke ist heuer sehr mager. Endlich, Ende Februar vor Ultimo, fällt lang ersehnter Schnee, und besonders hier am hohen Böhl liegt er im dicken Kleid. Beim Kontrollgang am Mittag verrät der weiße Leithund, dass der Kunstbau an der Dachsbaukanzel letzte Nacht besucht wurde – nicht vom grimmigen Namensgeber Meister Grimbart, sondern vom listigen Meister Reineke: Vom Schmier der Röhre ist der Schnee an der Ausfahrt rotbraun verfärbt. Erfreut versorge ich die Luderstelle, und heute Abend werde ich hier sitzen, hier soll es blitzen von Kraut und Lot!

Abends um halber sieben Uhr bin ich am Platz, öffne die linke und die beiden vorderen Luken. Der Wind bläst aus West von links, oben hangaufwärts liegt der Luderplatz im Schnee am Rand der Wiese. Weitere Schneeschauer aus Nordwest sind angesagt, und bald ist der Drilling weiß eingeschlackert. Ein kurzer Wischer, der Triaslauf glänzt wieder braun und schwarz auf der Brüstung. Das ist das einzige an Bewegung – wie ein Totenhemd kleidet der Schnee das weite Rund, nichts rührt sich. Noch nicht einmal die Käuze des Waldes rufen. Stille! Nur der Schlackerschnee plumpst herab, wenn sein Gewicht zu groß, die Äste, Zweige biegt und lastet. „Schttt" macht es dann. Sonst absolute Stille. Ab und an glase ich die weiße Gegend ab, schaue oben zum Luderplatz, blicke rechts aufs weite, weiße Feld, schaue links zur Röhre des Kunstbaus, schaue weiter nach links in das Wieseneck, welches hangabwärts von hohen Fichten begrenzt ist, links und nach oben aber umrahmt vom Filz der Büsche und Sträucher unter der Hochspannungsleitung liegt. Ein guter Fleck!

Hochspannung auch bei mir! Was wird wann wohl kommen, sinniere ich, schaue zur Uhr, es ist 19:40 Uhr, eine gute Stunde ist verstrichen. Routinemäßig schweift der Blick weit nach links ins letzte Eck. Siedend heiß durchzuckt es mich: Da schnürt ein Fuchs jenseits des Wiesenecks, im Rand der Sträucher, mit halbem Wind hangaufwärts. Schwarz auf weiß, er gleicht dem scharfen Scherenschnitt. Jetzt sehe ich nur seine Standarte. Hinter einem Busch ist er verschwunden. Da! Reineke verharrt in einer Buschlücke, und nun ist er weg. Ich verliere ihn aus den Augen, nicht aber aus dem Sinn. Der Püsterich liegt unberührt auf der Brüstung. Das ging schnell, zu schnell für mich. Aber der Rote hat nichts mitbekommen, keinen Wind und keine Witterung vom großen Räuber Mensch. Vielleicht schleicht er im Busch zum Luder, kommt oben am Stubben raus, wo er die Luderleckerlies stets raubte, klaubte? Aber es ist sinnlos – der Räuber entkommt auf unerkanntem Pass, schleicht nicht zum Luder, bleibt unsichtbar. Stille bis zur Stunde vor Mitternacht. Nur Schneeschauer und das ständige „Schttt“ des abrutschenden Schlackerschnees.

Es wird mir lang die Zeit! Vielleicht sollte ich den Roten locken? Aufgeregt piepst die Maus, zwei, drei Serien zu allen Seiten. Doch der Schnee bleibt weiß und unbefleckt. Du Räuber du, da muss ja wohl was Dickes her! Nach einer Weile setzt die Kaninchenklage an – ein, zwei Strophen, mit Crescendo. Pause. Plötzlich steht ein schwarzer Strich im Schnee am Rand der Wiese! Oberhalb vom Luder! Augenscheinlich sucht der Fuchs nach dem sterbenden Kanin. Ich bin mit dem Absehen drauf, für einen Schrotschuss ist es noch ein wenig weit, und deshalb warte ich mit dem Rotpunkt auf dem Roten, dass er sich etwas hangabwärts zum Luderplatz bewegen wird. Mäuseln möchte ich jetzt nicht, zu nah steht er und könnte meine List durchschauen, der Fuchs wird schon kommen … Er dreht im Kreis und sucht mit tiefer Nase, als mit einem Mal ein Ruck den Roten durchfährt. Deutlich sehe ich die Spannung im gestreckten Rumpf, die gespitzten Gehöre, die steile Standarte, und ganz unvermittelt springt der Räuber ab. Weg ist er! Was ist da los? Wind kann er von mir nicht bekommen haben, und als er ruckte, blickte er zum Gestrüpp, nicht zur Dachsbaukanzel, also hatte er mich auch nicht spitz auf Sicht. Ein

dunkler Fleck zieht vom linken Wieseneck auf meine Kanzel zu – es ist ein Reh, es zieht dicht hinter der Kanzel abwärts zum unteren Weg. Das kann es nicht gewesen sein. Allein, was macht den Fuchs dann flüchten? Was bloß nur?

Da erscheint am Luderplatz ganz unvermittelt der Störfaktor – erst denke ich, es ist ein Marderhund, aber im Nachtglas erkenne ich den Dachs. Struppig und spindelschlank ist er, ein Jungdachs, so gar nicht walzenförmig wie ein fetter Altdachs. Den muss der Fuchs gehört oder gewittert haben, denn der Dachs kam mit dem Wind herangerollt. Zwei Räuber unter sich! Jetzt aber nicht lang gefackelt. Der Dachs tut sich gütlich an den Luderbrocken, er steht breit, der Schrotlauf kracht, darauf der Jungmarder hangabwärts durch den Schnee zum Waldrand stürmt. Im Dunkel, links neben der Kanzel verliere ich ihn aus den Augen. Ich bin gut abgekommen und sicher, der Jungdachs ist meine Beute. Anstelle des Altfuchses! Mit nachgeladener Waffe und Leuchte gehe ich die paar Meter zum Waldrand. Im Strahl der Leuchte blinken schon die Seher, da liegt der Jungrüde dachstot im Schnee. Auch zwei Räuber unter sich! Und feine Beute – nur meine Schlussrechnung mit Reineke bleibt offen für dieses Jagdjahr …

Im verrückten Jahr 2020

Bockjagd in Corona-Zeiten

Endlich geht es wieder auf den roten Bock im schönen Bayern, genauer gesagt in Oberbayern, im Naturpark Altmühltal, in Roberts Schafshiller Jagd. Was wird die heurige Blattjagd an Neuigkeiten bringen? Werden wir Ernte halten bei der Jagd auf Capreolus capreolus nach Entzug und Entbehrung durch die erste Corona-Welle?

Zwar wurde die Jagd zuletzt von höchster Stelle als systemrelevant erkannt und benannt, aber was nützt das, wenn Reiseunterkünfte in Quarantänezeiten schwierig oder gar nicht zu beziehen sind? Und die Vermarktung des ökologischen Fleisches par excellence paradoxerweise zum Erliegen gekommen ist? – Heiß ist es heuer wie in den Vorjahren, das Thermometer klettert täglich weit über die 30-Grad-Marke. Also alles wie ehedem. Fast. Etwas ist doch anders – tagsüber ist wenig bis gar nichts mit dem Blatten zu tun. Die Böcke machen auf faul …

Anders ist in diesem Jahr, dass sich vorerst keine altreifen Erntebböcke zeigen, und auch die jungen, schwachen Abschussböcke machen sich rar. Stattdessen laufen nur „Mitteldinger“ herum, so nennt Max sie – gut veranlagte, teils begehrenswerte, aber zu junge Böcke. Einige habe ich auf Nahdistanz herangeblattet. Da bleibt der Finger gerade, die Kugel im Lauf. Beispielsweise so an Mannis schiefer Kanzel mit Blick auf Burg Altmannstein und Schloss Sandersdorf: Da sprangen mit einem Male zwei fast gleich starke, hoch aufhabende Spießer herum, von denen man meinen konnte, sie seien bereits zurückgesetzte Alte. Aber nichts da – es waren Jungspunde, eben die „Mitteldinger“, die da mit Parallellauf, Prahlen und Plätzen gegenseitig imponierten, bis der Hinzugekommene das Feld räumen und dem Kontrahenten die Dame des Herzens überlassen musste.

Nach einer Weile des Nicht-Reüssierens beginnen wir uns zu fragen, woran es liegen mag. Die Hitze alleine kann den Ausschlag nicht geben, letztlich war es in den vergangenen Jahren zur Blattzeit ähnlich heiß und trocken. Und da lief es prächtig: wenn's läuft, dann läuft's! Jetzt läuft nur der eigene Schweiß. Die Spaßvögel unter uns sprechen vom Maskenzwang, dass eben nicht genügend Masken für die Böcke verfügbar wären, damit sie sich in der Öffentlichkeit zeigten. Die ernsteren Kollegen berichten von Luchs und Wolf. Ersterer ist allerdings schon seit Jahren in dieser Region des Altmühltals bestätigt und hat bisher noch nicht nachhaltig wie großflächig das Raum-Zeit-Verhalten des Rehwildes verändert. Letzterer ist tatsächlich ein Neubürger hier, sozusagen ein neuer Altbürger, er ist von einem Waidkameraden fotographisch dokumentiert worden. Das Vorhandensein eines Wolfes, einerlei ob echter Zuwanderer, Kofferraumwolf oder Hybride, kann aber nicht erklären, dass wir reichlich weibliches Rehwild und jede Menge Kitze, Zwillings- und Drillingskitze in Anblick haben und nur die begehrenswerten Böcke scheinbar Flucht vor dem umherstreifenden Wolf ergreifen. Es wird also wohl doch mit dem der Brunft abträglich heißen Wetter zu tun haben. Stutzig macht nur, dass in der kühlen Früh und auch tagsüber nach zahlreichen Wärmegewittern keine gerechten Böcke austreten – das sind eigentlich die Hochzeiten zur Hochzeit der Rehe …

In Ermangelung jagdbarer Böcke beziehungsweise deren Anlauf und Anblick – bei einigen jungen, schwachen Abschussböcken war ich zu langsam, stellte mich als kerngrüner Depp an, oder pardonierte sie aus anderen Gründen, wenn beispielsweise kein Kugelfang vorhanden war – beschäftigte ich mich stattdessen mit spannender Lockjagd auf den roten Räuber. Zwei Altfuchsfähen und ein Rüdengreis konnten Kaninchenklage und Mauspfeifchen bei frühmorgendlichen Ansitzen nicht widerstehen – die Hornet legte sie am Gogl, an der Ochsenwiese und an der Himmelsleiter in Gras und Stoppel. Und der grobe Hagel eine Jungfuchsfähe in der Ochsenwiese am Luder, spät im allerletzten Licht.

Wegen der anhaltenden Hitze überlege ich, dass die Böcke wohl eher an kühlen Schattseiten austreten werden. Seit 19:30 Uhr sitze ich auf der etwas altersschwachen Ahornleiter zum Stillen Tal. Der Blick geht in die Wiesenbucht. Die Wiese ist umgeben von steilen Waldrändern und -hängen. Hier hat Tristan vor Tagen einen Knopfbock zur Strecke gebracht. Waidmannsheil, Tristan! Und Tris meint, es gingen da noch andere Böcke. Ich will mal nachschauen. Nur den hier gehenden, hoch aufhabenden Sechser sollen wir schonen, denn der ist dem frischgebackenen Jungjäger Lukas, Sohn des Mitpächters Manni, freigegeben – freilich: Waidmannsheil, lieber Lukas! Roberts großzügige Ansage: Jeder von uns hat einen altreifen und einen schwachen Bock frei! Das ist formidabel. Nur, wo sind die Böcke? Und werde ich mich wieder herrlich dämlich anstellen? Ich sitze im Schatten des Ahorns, und auch der jenseitige Wiesenrand liegt beschattet vom Waldhang, aus dem ich, wenn denn ein Bock kommen sollte, eben diesen zu Felde ziehend erwarte. 65 Meter sind es bis zur Waldkante, die aus dornig-dicht gestufter Hecke besteht. Nach links schließt sich, abgegrenzt durch eine schmale Waldzunge, das malerische Stille Tal hin zum Flecken Schamhaupten an. Das ist eine steile Wiese in voller Blütenpracht – tatsächlich gaukeln unzählige Schmetterlinge von Blüte zu Dolde und zurück und naschen vom Nektar. An den Höhen ist die wilde Weide umschlossen von Kiefern-Eichen-Fichten-Mischwald, die niederen Hänge aus Trockenrasen, Wachholdern und Heideplacken – Hermann Löns ließe fröhlich grüßen. Am Rande der heimlichen Wiese steht eine alte, turmhohe Kanzel und fristet ihren Dornröschenschlaf – die Dornröschenkanzel.

Aber all das kann mich momentan nicht in entzückte Stimmung versetzen: Myriaden kleiner, gemeiner, schwarzer Fliegen krabbeln-kribbeln auf meiner nackten Haut, es sind tatsächlich so 20–30 gleichzeitig, sie nerven gewaltig und zerstreuen alle romantisch-poetischen Gefühle! Wegen der Hitze – jetzt am Abend hat es immer noch 33 Grad – habe ich auf den camouflierten Gazeanzug verzichtet. Ein blöder Fehler! Mittlerweile gesellen sich große, schwarze, braune und gelbe Fliegen wie auch graue Bremsen hinzu. Und die eine oder andere Mücke surrt im infernalischen Konzert: So geht Folter! Drunten in Kraut und Strauch lauert der Holzbock – ich danke verbindlich: Gerade habe ich mich im Sauerland mit Borrelien infiziert und schlucke tapfer Antibiotikum. Aber am schlimmsten sind augenblicklich die kleinen Schwarzen. Gottlob sind sie leicht zu klatschen, aber für jede erlegte Fliege kommen fünf neue hinzu. Unter mir liegt schon ein Haufen schwarzer Fliegenleichen. Überall juckt und kitzelt es mich. Es ist zum verrückt werden. Sakra, werden die niemals weniger?!?

Ich krame im Gedächtnis, um ein wenig Ablenkung zu finden. Ablenkung tut not, denn die Wiese ist leer, und bevor die nervigen Krabbelfliegen mich vorzeitig abbaumen und flüchten machen, denke ich lieber an unbeschwerte Ansitze. So wie vor ein paar Tagen.

Da saß ich auf der mobilen Leiter am langen Brennholzstapel, just neben der Kapelle zu Schafshill, an der Auffahrt zum Gogl. Es war 04:00 Uhr in der Früh, vor mir die gülden glänzende Weizenstoppel, auf der ich einen Fuchs erwartete. Plötzlich erscholl rechts auf dem Holzstapel ein helles „tapp, tapp, tapp", wie wenn trockenes Holz angeschlagen wird. „Ein Fuchs ist auf dem Stapel", so der Gedanke. Vorsichtig drehte ich meinen Hirnkasten Richtung „tapp, tapp, tapp". Aber was da auf dem Stapel herantappte, war Weißkehlchen oder Goldkehlchen, genau konnte ich es im Sternenlicht nicht erkennen. Dann war der Mustelidae hinterrücks aus meinem Blickwinkel und sprang ganz keck auf mein Gestell, auf dem ich thronte! Und aus gehörigem Schreck über den dicken Menschenklops da droben gleich wieder runter vom Sitz. Doch sein Schreck war nur von kurzer Dauer; denn sogleich rumorte der Marder geräuschvoll im trockenen Buchenlaub hinter dem Holzstapel, bis er sich nach einer Weile entfernte und zuletzt in den Buchen aufholzte.

Hingegen blieb die Weizenstoppel unberührt und unbelebt. Erst nach einer Stunde bemerkte ich einen roten Korsaren, der in mehr als 200 Meter Entfernung in der jenseitigen Rapsstoppel schnürte, sich dann auf seine Keulen setzte und lauerte. Ein prächtiger Altfuchs. Jetzt jagte er Mäuse an der Bronzekanzel, von wo aus ich den Bronzebock erlegt hatte. Der Rüde war allemal zu weit, weder Vogelklage, noch Kaninchenklage, nicht irgendeine Klage machten den Rotrock reagieren, geschweige, dass er näher gekommen wäre. Nur die Jungbussarde waren beeindruckt von meinem Konzert und lahnten im Kanon zur Klage. Unbeeindruckt und stoisch hing der Freibeuter seiner eigenen Beute nach. Dieser eingebildete, sture, dieser unmusikalische Fuchsfatzke! Und dann verschwand er schnöde in Richtung Terrassenwiesen. Fuchs weg, Fuchs finis. Bald darauf lenkten mich eine Geiß und deren drei Kitze sowie eine Geiß mit Zwillingskitzen ab. Die Rehe standen gegenüber Roberts Baufirma am Aussiedlerhof und zogen über die schmale Straße, die nach Schamhaupten führt, in das Weizenfeld, kamen also auf mich zu. Und noch ein Schmalreh stand im Weizen vor dem Maisschlag. Mittlerweile verharrten alle Rehe auf der Stelle, starrten minutenlang mit steil nach vorne gerichteten Lauschern in den Maisdschungel, ohne auch nur je einen Schritt zu tun. Tatsächlich waren vor ein paar Tagen einige Sauen beim Rapsdreschen aus der Erntejagd entkommen – die Schwarzkittel rumorten stattdessen nun im Mais …

Es ist 20:10 Uhr, die kribbelnden Fliegen reißen, beißen mich aus meiner Erinnerung. Während der Fliegenklatscherei schaue ich einmal hoch und geradewegs auf einen Bock. Er ist just an der Stelle aus dem Waldrand ausgetreten, wo ich es erwartet habe. Nun ist er da! Genau vis-à-vis. Alle Fliegen sind vergessen. Intuitiv meine ich, einen schwachen, mehrjährigen Gabler vorzuhaben. Nach Altherrenmanier und mit tiefer Nase, pardon Windfang, nimmt er unverzüglich Witterung der holden Weiblichkeit auf und beginnt seine Suche. Sehr energisch geht er es an. Dreijährig schätze ich ihn, das schwache G'wichtl knapp lauscherhoch. Dabei bewegt er sich flott nach links Richtung Wechsel in das Stille Tal. Den muss ich nicht locken, so geschwind ist er nun, den muss ich anschrecken, damit er stehen bleibt, seine schnelle Suche unterbricht, nicht zum lockenden Weibe entschwindet. „Bööh, bööh", bölke ich ihn rau und ruchlos an, habe den Bockbüchsdrilling im Anschlag. Der Bock wirft auf und die Kugel fasst ihn auf 65 Meter links hinterm Blatt. In tiefer werdender Flucht stürmt der Gabler am Waldrand zum Wechsel in das Stille Tal. 50 Meter misst der Spurt, dann bricht er im Wieseneck zusammen und sein Lebenslicht erlischt. Bock tot! Ich lade nach und vergewissere mich des liegenden Bockes: Halali! Der grüne Hut geht hoch zum letzten Gruß. Dann packe ich meine Sachen, staue den Rucksack, entlade das Gewehr, verstaue es im Filz und verlasse in heiter-erleichterter Stimmung meinen Marterpfahl: adieu ihr fiesen

Fliegen, bonjour du bester Bock! Es geht doch! Von der nahen Fichte breche ich die Brüche, letzter Bissen, Inbesitznahmebruch und Erlegerbruch. Daraufhin schreite ich zu meinem Bock, versorge ihn und dann mich mit den gerechten Brüchen.

Anschließend geht's zum oben am Feldweg abgestellten Geländewagen. Mit dem Jimny fahre ich in die Wiese und zum Bock, immer haarscharf am Waldrand entlang. Wegen der peinigenden, saugstechenden Schmarotzer und der schwülen Hitze verzichte ich auf eine zünftig-manuelle Bergung, aber das Aufbrechen und Ausweiden versorge ich an Ort und Stelle im Schatten der Ahornleiter – ein Fuchs oder eine Rotte Schwarzer wird mir den Aufbruch danken. Und die Fliegen ... Endlich taste ich nach den Molaren. Beim Blick in den Äser ist die Ernüchterung groß, die Jagdscham noch größer: es ist ein gut veranlagter Jährling, bestenfalls ein Zweijähriger, der da tot im Gras liegt, nix wie geschätzt ein schwacher Dreijähriger nach Gesicht, Statur und Verhalten – damit ist er kein klassischer Abschussbock sondern ein krasser Fehlabschuss. Nur 14 kg bringt der Jungspund später auf die Waage ... auch kein wirklicher Trost.

Zwei Tage darauf, Anfang August, nehme ich Platz auf der Kanzel am Gogl. Hier will ich es am Abend versuchen, nachdem die Morgenansitze mit reichlich Anblick und Anlauf gesegnet waren, aber nichts brachten – der kerngrüne Depp ... Der allererste Ansitzmorgen am Gogl verlief nicht nach Plan: Mit der Dämmerung wurden die Hornissen aktiv, die die Kanzel als ihren Hort betrachteten, denn schließlich barg die Einrichtung ihr Nest, und leichtsinnig hatte ich am Vortag den Hochsitz nicht kontrolliert. Inzwischen promenierten die Hornissen geschäftig auf meinem Drilling, der in Erwartung aufziehenden, jagdbaren Wildes auf der Brüstung parat lag. Deren Promenade war nicht wirklich zielführend für meinen Jagdplan. Das Gebrumme der Hornissen wurde lauter, ihr Gebaren geschäftiger, mir ward es mulmig, und schließlich baumte ich fluchtartig ab. Zur besten Jagdzeit um 05:10 Uhr! Ich pirschtrabte gerade auf dem Weg entlang der Goglwiese, um zur Leiter unterhalb des Gogls zu gelangen, da kam aus der Dickung ein Fuchs in die Wiese gesprintet – von Schnüren konnte wirklich keine Rede sein, – und begann unverzüglich zu mausen. 20 Meter nah! Ich erstarrte zur Salzsäule. Der Freibeuter hob das Haupt, sondierte, orientierte, ortete und jagte wacker weiter. Ganz langsam fummelte ich meinen Bockbüchsdrilling aus dem Filz, stopfte Patrone nach Patrone in die Lager und Stöpsel in meine Ohren und machte scharf. Der Fuchs, eine struppige Fähe, nach der Aufzuchtzeit arg hungrig und verfressen mausend, nahm mich immer noch nicht als das, was ich war, wahr. Im Rückwärtsgang, vorsichtig Schritt auf Schritt setzend, schlich ich zu einer Fichte am Dickungsrand: zum Anstreichen des Gewehres, denn mittlerweile hatte sich die Fähe, immer noch engagiert mausend, zu weit für einen Schrotschuss entfernt. Also musste die Hornet es richten. Ich strich das Gewehr an, nahm Maß und Ziel, wollte gerade die Kugel fliegen lassen, da trat direkt hinter der Fähe eine Ricke aus dem Wald. Die Geiß hatte wohl schlechte Erfahrung mit den Roten gehabt oder wollte ihr abgelegtes Kitz schützen. Eine Schussabgabe war nun nicht möglich, beide Stücke standen in Deckungslinie. Dann machte die Geiß statt meiner kompromisslos Dampf auf die Fähe: Sie schlug sie in die Flucht – so viel zu Sympathie unter Damen. Sapperlot! So ein verkorkster Ansitz. Aber unterhaltsam war die jagdliche Matinée allemal, lediglich nicht erfolgreich im Sinne des Beutetriebs.

Am folgenden Morgen konnte ich das unvollendet gebliebene Werk vollenden. Am Vortag hatte ich die Hornissen überzeugt, dass ich kein genehmer Mitbewohner wäre … Pünktlich um 05:00 Uhr erschien die Fähe, in ihr Mausen stimmte ich mit Mäuseln ein. Sie verhoffte und versuchte, die verlockend piepsende Maus zu orten, als die Hornet ein machtvolles „Paff“ sprach. Hernach traten zwei

Abschussböcke – Knopfer und Gabelspießer – nacheinander schussgerecht auf den Gogl aus. Nach der Erlegung der Fähe vergab ich beide Böcke aus Gefühlskrämerei – die Poesie der Jagd … Ich romantisch-damischer Dusseldepp; denn in der Folgezeit galt ihnen mein ganzes Trachten. Mehrfach hatte ich sie bei Ansitz und Pirsch vor, aber eine Erlegung sollte mir aus verschiedenen Gründen nicht mehr gelingen. Und schließlich zog noch ein junger Sechser über den Gogl, einer von den vielversprechenden „Mitteldingern", den ließ ich auch gehen. Kruzifix nochmal!

Nun also zur Abwechslung mal am Abend den Gogl besucht: Es ist ein schöner, ein heißer Nachmittag, seit 18:30 Uhr sitze ich, nachdem Max und Tris anderswo abgesetzt sind. Wie gesagt, zwei Abschussböcke gingen hier – Knopfer und Gabelspießer, beides perfekte Stücke zur Entnahme. Aber ich kam nicht zu Schuss: fehlender Kugelfang, Hornissenattacken, Romantisiererei, oder ich stellte mich blöd, rehblöd an. Dann der gut veranlagte Sechser, der suchend über die Wiese von rechts nach links zog und pardoniert-unbeschossen hinterwärts verschwinden durfte. Jetzt hoffe ich wenigstens auf einen der beiden Abschussböcke, auf wenigstens ein Erscheinen, eine Erscheinung …

Ein Nusshackl macht Krakeel, zwei im Wechselwarnruf, einen Mordsspektakel veranstalten sie. Ein Grünspecht kichert, eine Schwarzdrossel zetert, noch eine. Unten im Strauchwerk meckert ein Zaunkönig, oben im Luftraum ruft ein Bussard, und im Geäst fallen Meisen mit ein – es ist eine krasse Kakophonie, die da in den Hallen des Walddomes erschallt. Dann plötzlich Ruhe! Der Chor verstummt. Alles schweigt. Was ist denn? Wie ich auch schaue und glase, ich entdecke nichts, kein Haar, keine Borste, keine Feder. Ist es der rote Tod, der auf stillem Pass daher schnürt? Oder ist es das schwarze Wild, das im Walde nuschelt, bevor es aus der Dickung kommt? Ist es gar der Habicht, der Schrecken aller Feldhühner und

Waldhasen, der gewandt zwischen den Stämmen gleitet? Oder der pfeilschnelle Sperber am Dickicht? Nichts entdecke ich. Warte mal. Da. Doch! In der oberen Wiese kommt aus der Bodensenke ein Schmalreh, gefolgt von einem Bock, ihrem Galan. Daher also die Krakeel-Symphonie! Der Bock ist älter als der Sechser, den ich hier vor ein paar Tagen in Anblick hatte und ziehen ließ. Starker Träger, starke Trophäe. Der passt! Ständig stehen die Rehe neben- und umeinander – die Schmale in Deckung vor dem Bock, ziehen sie äsend auf mich zu, stehen schließlich in der unteren Wiese, schräg links vor der Kanzel. Jetzt hat es Kugelfang! Der Rottumtaler Blatter

funktioniert gerade dann nicht, als ich ihn am dringendsten brauche, um den Bock zu locken und zum Zustehen zu bewegen – das Klebeband ist lose, das Blatt des Blatters verrutscht, nur dumpfes, jämmerliches Geplärre bringe ich heraus – „welch fieser Ton“. Den schrägen Ton wird mir das reheliche Paar übelnehmen – gleich wird es abspringen und es heißt: adieu, du schöne Welt der Jagd!

Genervt lasse ich die Fiepe fallen, schrecke stattdessen laut. Die Rehe werfen auf, die Schmale macht einen Schwenk zur Seite, zieht einige Schritte vor, der Bock steht frei, breit, einzeln, da wirft ihn die Kugel ins Gras. Den Knall hat er nicht vernommen, er liegt in seiner letzten Fährte. Das Schmalreh macht zwei, drei Sprünge, verhofft, blickt unschlüssig zum Bock, tut ein paar zögerliche Schritte voran, blickt wieder zurück und springt endgültig in die Dickung. Der Bock liegt fest und rührt sich nicht. Nach einer inneren Sammlung schreite ich zu meiner Beute. Frohgemut greife ich in die Hauptzier, streiche über die Stangen, Enden, Perlen und Rosen. Beim Ertasten der Molaren wird mir anders, erlebe ein unerquickliches Déjà-vu: Da hab ich doch schon wieder einen Bock geschossen, der ganz offensichtlich jünger als beobachtet, als geschätzt, als gedacht ist! Nach Verhalten, Körperbau und Dachrosen schien er mindestens vierjährig oder älter zu sein, nach dem zugegeben trügerischen Zahnabschliff eher jünger … so eine Lumperei! Zu meiner Entlastung sei erwähnt, dass alle Jägersleut, die den Bock post mortem, per Foto oder sein Gehörn sahen, ihn wenigstens auf vier Jahre oder etwas älter schätzten. Allein, es bleibt einer von den „Mitteldingern“, vielleicht ein Bruder von dem, den ich ziehen ließ. Mea culpa! Es ist zum Verrücktwerden mit der Bockjagd im absurden Jahr 2020. Irgendwann wird es wieder besser werden …

Raubwildjagd

Waterloo 2.0

Wann wird es wieder besser werden? Klimakrise, Corona-Pandemie, erste, zweite und dritte Welle, Corona-Lockdown, Impfdebakel, Baumsterben, ASP, Vogelgrippe – es nimmt kein Ende. Und jetzt noch das neue Bundesjagdgesetz, eigentlich ein föderales Schalenwildvernichtungsprogramm; die allermeisten Gesellschaftsjagden und Jagdmessen abgeblasen – schöne neue Welt.

Im Sauerland, es ist November 2020, steht Raubwildjagd an; denn die Bälge sind reif, die Rehwildjagd ist für mich geschlossen und die Sauen sind unstet. Nach langem „Feldzug" besuchen die Schwarzjacken zwar wieder den Fichtenforst – oder das, was davon noch übrig geblieben ist, aber sie sind mal hier, mal dort, eher dort, wo man nicht hockt. An die Kirrungen kommen sie gar nicht, denn unter den Mastbäumen locken massenweise Eicheln und Eckern, jedenfalls an den Orten, allda noch Eichen und Buchen stocken. Die Rotten sind verstört: Vom Borkenkäfer gemarterte Fichtenbestände werden großflächig abgeholzt, dadurch sind die gewohnten Wechsel und Einstände des Schwarzwildes nachhaltig gestört und zerstört. In Vetter Philips Privatwald allein fallen weit über 40 000 Festmeter Fichte an – das ist ein Großteil des Bestandes. In den umliegenden Waldgütern sieht es nicht besser aus. Das Käferholz geht nach China und Korea. Die ketzerische Frage: Kommt auch der Borkenkäfer aus China? Wenigstens nimmt der asiatische Markt wieder Holz auf und ab, aber zu katastrophalen Konditionen für die Erzeuger. Es ist ein gnadenloser Käufermarkt. Die neue Seidenstraße – Seidenstrang träfe es besser. Und in naher Zeit wird „chinesisches" Schnitt- und Bauholz den deutschen und europäischen Markt überschwemmen ... Mein Bruder Falko meinte lapidar, man müsse gegenwärtig froh sein, kein wirtschaftender Waldbesitzer zu sein. Und ich fügte hinzu, in der Zukunft auf ein halbes Jahrhundert wohl auch nicht.

So gar kein Anhänger von Verschwörungstheorien, muss ich gestehen: Die Gedanken sind frei, aber auch grässlich hässlich – ist es ein perfider wie genialer Plan der autokratischen Führung im Land hinter der großen Mauer? Nicht möglich, oder etwa doch? Natürlich nicht, aber Jahrzehnte der Arbeit und Pflege im Privatwald sind dahin, Jahrzehnte der finanziellen Tristesse kommen daher. Auch, weil eine gewinnmaximierende Forstpolitik und -führung einen unnatürlichen und langfristig instabilen „Plantagenforst" über Jahrzehnte postuliert und von gleichgeschalteten Forstmanagern hat durchsetzen lassen, in dem pflanzenfressende Wildtiere nur noch Schädlinge, Störfaktoren sind. Und einmal mehr heißt es wieder Waldumbau, diesmal hin zum klimabeständigen, standortgerechten Mischwald. Schon gut und richtig. Aber muss das Schalenwild gnadenlos verfolgt und dezimiert, dessen Strukturen kontraproduktiv zerstört werden? Wo bleibt da ein echter, wirklich ökologischer wie naturschützender und tierschutzgerechter Ansatz? In weite Ferne verrückt … und Weitsicht täte not. Das Schalenwild steht vor herzlos harten Zeiten. So gilt das desaströse Dogma „Wald vor Wild“ in Reinkultur. Naturnah? Was ist daran naturnah? Rein gar nichts! Und der engagierte Waidmann fragt sich verwundert: Wo sind die gescheiten Universalgelehrten, wo sind die achtbaren Forstdirektoren, wo sind die anständigen Jäger geblieben?

Zurück zur Raubwildjagd: zunehmender Mond, Frost, die Räuber sind unterwegs. Fuchs und Marder geben sich nächtelang ein Stelldichein am Luderplatz, es herrscht reges Treiben wie die Kameraaufzeichnungen zeigen. Der Frost reift die Bälge. Beste Bedingungen, so will ich meinen. Mein frühzeitiges, mein vorzeitiges Frohlocken wird bald heftigem Wehklagen weichen. Wohl ist die Moral anfangs hoch, aufgeben zählt nie und nimmer, aber wenn denn das Raubwild immer dann am Luderloch erscheint, so der Jäger gerade in jener Nacht nicht draußen oder andernorts sitzt, harrt er aber dort die ganze, kalte Nacht aus und nichts, rein gar nichts schleicht heran, dann vergeht auch dem passioniertesten Jäger die fröhliche Laune. Oder es passiert ein anderes Missgeschick … Woran liegt es? Bin ich zu dämlich? Ist es vielleicht die frühe, schon stattfindende Ranz – anders als gemeinhin beschrieben, rührt daher das geringere Interesse der roten Armee, nun am Luderplatz zu promenieren? Hat es nach Räude und Staupe weniger Reinekes und daher weniger Konkurrenz um die Luderbrocken? Liegt es am küselnden Wind, der trotz Nachtfrost bis minus 9 Grad und Hochdrucklage meist aus südlicher und damit aus ungünstiger Richtung oder gar zu arg weht? Es ist vermutlich eine Mischung aus allem oder vielem – eine eindeutige Zuordnung ist mir nicht wirklich möglich. Doch ist die Windlage schon arg verdächtig …

Dinge, die „vordem“ funktionierten, gehen offensichtlich nicht mehr, und ein Wechsel der Gewohnheiten wie Angang, Abstellort Auto, Fußmarsch statt Gummipirsch bringen auch keine Resultate.

Einzig und allein bleibt zu konstatieren, dass Fuchs und Marder dann vor Ort sind, wenn ich nicht da bin und umgekehrt – Videos und leere Löcher liefern den unerbittlichen Nachweis. Es ist sehr ernüchternd. Als plausible Erklärung bliebe eigentlich nur des Jägers Abwind. Aber nachdenklich stimmt, dass vor den Fällarbeiten unter ähnlichen Bedingungen trotzdem Anblick, wenn auch nicht immer Strecke, gegeben war … Nun aber gar nichts! Also sind es doch die Kolonnen der Holzfäller, die Tag und Nacht mit schwerstem Gerät durch die Reviere werkeln? Was also? Doch der Reihe nach.

Gestern Abend am Berg Böhl, an der Dachsbaukanzel Punkt Mitternacht: Nach fünf ereignislosen Stunden, also Löcher-in-die-Landschaft-Gucken ohne jeglichen Anblick, packe ich gerade zusammen, da passend zu meiner Stimmung auch das Mondlicht schlechter wird. In den vorherigen Nächten war hier Fuchsparty – jeden Morgen stehen die Prantenabdrücke fett und deutlich in den schwarzen Boden gestanzt, sind die Luderlöcher aufgescharrt und ausgeraubt. Aber jetzt? Außer einer Audiovorstellung zur zehnten Abendstunde, als mehrere Rehe anhaltend Alarm schrecken, ist nichts geschehen: Nada, Niente, Niete Nix, Null. Doch Frust ist ein schlechter Ratgeber, besonders auf der Jagd! Gerade nehme ich die Wolldecke, die zur Polsterung im linken Fensterrahmen liegt, schwungvoll herein – der laufblanke Bocksbüchsdrilling liegt bereits geknickt und entladen auf meinem Schoß zum vorgesehenen wie vorbildlichen Abbaumen, da sehe ich aus dem Augenwinkel einen dunklen Fleck im linken Wieseneck. Der Fleck war eben noch nicht da. Mein Fernglas fliegt an die Augen: verdammt nochmal, ein Fuchs! Auf dem Pass schnürt er mit dem Wind daher! Es ist der bekannte, starke Fuchsrüde. Nichts hat er von meiner voreiligen Aktion mitbekommen, ist ganz gelassen. Der Lümmel revidiert mittlerweile die Einfahrt des Kunstbaus und vergewissert sich, dass Frau Hermeline nicht zu Bau ist. Dann markiert er. Da die Frau nicht im Bau, trollt sich Vater Voss zum Eck, wohlgemerkt brettelbreit, gemächlich und in bequemer Schrotschussdistanz, währenddessen ich Depp meine Artillerie einsatzbereit machen muss; möglichst leise, daher nicht flink genug. Sekunden können lang sein. Von der Kanzelecke verdeckt, verliere ich den Rüden aus den Augen. Lage aufklären, Glas hoch: Wo ist der Fuchs? Das Mondlicht ist schon recht fahl, alle Konturen verschwimmen. Da steht ein Schemen am Luderloch – der Schelm! In dem Augenblick bemerke ich, dass der Freier nicht an den Brocken, sondern an der Weiberei Interesse hat – das Luder ignoriert er, das Weib sucht er. Als endlich die Kanone im vorderen Fenster parat liegt, ist der Freibeuter verduftet – hat er vielleicht meinen Duft genossen statt den der holden Fähe? Jedenfalls ist er fort, und die nächste, angehängte Dreiviertelstunde bringt keinen Fuchs zurück. Nur gähnende Leere auf dem Feld. Und der Geschichte Moral: ob Mann, ob Frau – Jager sei allzeit bereit, denn Timing ist die halbe Beute; auch das Gewehr hab allzeit bereit – knicke es nicht vor der Zeit; Lust statt Frust – der Jager unverzagt hat noch manchen Fuchs erjagt; gib nicht auf – denn Fuchs kann immer wiederkommen. Doch für heute reicht es, das Licht ist keines mehr, ich schiebe mich ein am Hof Kahlberg. Morgen geht es auf ein Neues raus, denn der Mond nimmt zu …

Tags darauf spüre ich das Revier ab – jedenfalls dort, wo Harvester, Forwarder und Säger nicht fuhrwerken. Eine Rotte war im Beritt unterwegs. Die schwarzen Gesellen nahmen den Steilpfad über den Berg, vom Böhl zum Ameisensitz. Unterhalb, am Wendehammer, pflügten sie die Grasnarbe um, nuschelten nach Kerfen und Gewürm, ließen geflissentlich Kirrung und Lichtung aus, wühlten im angrenzenden Laubwuchs nach Eicheln und Eckern. Schließlich zog die Rotte über den Hohlweg, der zum Kahlberg führt, hinein in Vetter Philips Revier. Als ich die Bilder der Wildkamera studiere, ist da erst eine Rehdame, dann besuchen Fuchs und Marder abwechselnd die Luderstätte – natürlich vornehmlich in der zweiten, noch dunklen Nachthälfte. Ein Rotrock ist aber bis in die hellen Morgenstunden am Luderplatz zu Gange und treibt futterneidisch die stibitzenden Rabenvögel in die Flucht. Heute Nacht werde ich am Ameisensitz Quartier nehmen …!

Liebe Leser und Leserinnen, folgenden Vermerk machte ich dann nach dem Nachtansitz: „Ameisensitz 19:00 Uhr bis zum bitteren Ende 02:30 Uhr. Ich bin etwas ratlos. Vorletzte Nacht reger Raubwildverkehr, vergangene Nacht Totentanz – woran liegt's??? Der geringe Wind nachrichtlich aus Südost, erst gleißendes Mondlicht – nichts, dann schwaches Mondlicht – auch nichts. Der Luderplatz ist wohl präpariert; liegt es am unten im Wendehammer geparkten Wagen, was in der Vergangenheit nie ein Problem darstellte? Liegt es am grellweißen Hermelin, das leider unsere scharfe Katze „Chivas" am Hof meuchelte und nun bedauerlicherweise als Luder zu den anderen Luderbrocken ausgelegt ist? Es war nur das eine kleine vordere Fenster auf, die seitlichen Gardinen geschlossen, Ricke mit Bockkitz und Schmalreh zogen friedlich äsend bis an den Hochsitz heran, bekamen mich also nicht spitz und störten sich auch am Hermelinkadaver nicht, das Kitz äste direkt neben dem Aas, kurz und gut, die feinnasigen Rehe nahmen keinen Anstoß an meiner unmittelbaren Nähe … Was störte das Raubwild??? Mein Jägerlatein ist am und zu Ende! Waidmannsgeheul." So weit der trost- und ratlose Eintrag.

Am folgenden Morgen, an dem ich die Notiz schrieb, stelle ich fest, dass die Kamera nach meinem Abbaumen keinerlei Aufzeichnungen gemacht hat – keine Wildbewegung, wenigstens ist das ein kleiner Trost. Am frühen Abend gehe ich unverdrossen zum Ameisensitz und sitze die Nacht hindurch, denn das Mondlicht reicht bis 04:00 Uhr in der Früh. Unverdrossen auch die drei Rehe, allerdings geben sie mir diesmal nur für kurze Zeit die Ehre der Einkehr. Das

Raubwild glänzt einmal mehr, Sie ahnen es, durch absolute Abwesenheit. Es wird eine lange Nacht, irgendwie ist der Wurm drin … Und dann kommt, was kommen muss: Völlig übermüdet und frustriert muss ich ruhen, schlafe in der folgenden Nacht im Federbett bei bestem Mondlicht und Wetter den Schlaf des Gerechten. Aber wie ungerecht, denn anderntags stelle ich fest, dass die Marder am Ort ab 20:45 Uhr, die Füchse ab 02:30 Uhr logierten … Heidewitzka, mein Versagen ist zum Verzagen. Zur Abwechslung der Routine beziehe ich zeitig am Morgen die Kanzel, und statt des Drillings führe ich das Kleinkaliber für die Krähen. Einem zufälligen Reineke sollte das auch gereichen …

Als der trübe Tag heraufdämmert, melden zuerst die Amseln – ihr Gezeter und Gezänke gellt im Gehölz, dann fliegen sechs der Schwarzdrosseln herzu, hüpfen geschäftig am Boden und picken gierig vom Mais. Lustig ist es anzuschauen, wenn die Drosseln von Zeit zu Zeit eine Pause machen und sich ob des strengen Frostes zu braunen und schwarzen Federbällchen aufplustern und dabei nur graubraune oder gelbe Schnäbel herausschauen. Sie bleiben der Einfachheit halber an den Kirrlöchern hocken – effizientes Energiesparen nennt Amsel das! Etwas später, da rätschen ein paar Wächter des Waldes. Es fliegen erst zwei, vier und dann endlich bis zu acht Eichelhäher heran. Vorsichtig lugen sie aus den Bäumen auf den gedeckten Tisch. Trotz der beißenden Kälte geht es munter zu auf der Lichtung des Ameisensitzes. Nur kein einziger Fuchs möchte heute die Vögel vom Futtertrog vertreiben. Der Futterneid der Vogelschar hält sich derweil in Grenzen. Die dreisten Amseln bleiben meist an den Löchern sitzen, während die vorsichtigen Häher es achtsamer angehen lassen: Geschwind gleiten sie zu, sondieren aus dem Gezweig die Lage mit schief gelegtem Kopf, stoßen dann flugs herab, nehmen ein Korn auf oder schöpfen am Wasserbassin und flattern hurtig in Sicherheit. Die Nusshackl sind ständig auf der Hut. Es ist ein Hin und Her und Auf und Ab mit den Hähern, der eine oder andere landet auch auf meinem Kanzeldach – wie frech ist das denn?!?

Da! „Krooh, Krooh" – der kehlige Ruf der Kolkraben! Hoch im Blau kreisen sie. Einige Krähen stimmen in den Kanon mit ein, sie sind recht nahe. Kolkraben und Krähen kreisen umeinander, kommen vorsichtig heran, trauen sich aber nicht auf den Boden. Besser ist das – für die Rabenkrähen … Erspähen kann ich die schwarzen Schlaumeier noch nicht, nur ihre Rufe höre ich unentwegt. Plötzlich schwerer Schwingenschlag an der Kanzel – Krähen und Raben landen in den Wipfeln der umliegenden Bäume. Wohl sehe ich ihr Schattenspiel, kann aber die Vögel selber nicht erblicken. Sehr schlau und argwöhnisch sind sie. Am Boden ist alle Vogelwelt verschwunden, auch die bunten Vettern der schwarzen Gesellen sind geflohen. Das KK liegt griffbereit im schmalen Fenster, gleich wird das Rabenvogelvolk den Gabentisch besuchen und dann … Gespannt bin ich wie ein Flitzebogen. Atemlos warte ich! Plötzlich ist alles vorbei, schlagartig platzen meine Träume einer erfolgreichen Krähenjagd: Lautes Gepolter von schlagenden Schwingen, ängstlich-ärgerliches Gekrächze und Gekolke erfüllt den Luftraum! Was ist denn nur los? Und dann erblicke ich ihn, den Raubritter der Lüfte, sehe noch, wie der Habicht elegant, schwungvoll, schnell um die Bäume kurvt. Ohne schwarze Beute gleitet er von hinnen! Halber Zehne breche ich ab, auch ohne schwarze Beute! Sag zum Abschied leise Servus. Servus, Waterloo. Ach Captain, mein Captain, schwarz-rotes Elend …

Am Abend schleiche ich trotz Regen und Schneeregen erneut zu meinem Foltersitz, denn „Sauwetter ist Sauenwetter". Aber auch die schwarzen Gesellen der Nacht genieren sich, verhalten sich unkooperativ. Nach ihrer einmaligen Stippvisite sind sie seit 10 Tagen abstinent – was Wunder bei der enormen Störung durch Holzfäller, Langholztransporter und andere Vehikel fast rund um die Uhr. Und das Raubwild? Fuchs und Marder sind fröhlich auf Video gebannt, aber eben nur da. Es bleibt bei meiner einen Begegnung mit dem Fuchsrüden am Böhl und bei einer Beobachtung von Freund Meinhard an der Dachsbaukanzel. Meinhard hatte ebenfalls keine Gelegenheit zum Schuss. Doch wenige Tage später bei Neumond, bei Eis und Schnee, erlegt er am Ameisensitz erst einen Rotrock, dann ebendort in der folgenden Nacht drei Füchse und einen Steinmarder. Waidmannsheil, lieber Meinhard! Vollkommen ungewöhnlich für den Raubwildjäger: Er baumte zu früh ab; denn die Kamera zeigt ihm am folgenden Tag, dass in der zweiten Nachthälfte noch mehrere Füchse kamen – ein vorwitziger Freibeuter apportierte und entführte den Steinmarder, welchen Meinhard zusammen mit den Fuchskadavern auf einem Reisighaufen zwischengelagert hatte, um die Beute am Morgen danach zu fotografieren … c'est la vie, c'est la guerre.

Es folgt mein letzter, fast schon verzweifelter Jagdversuch: Ansitz auf der Dachsbaukanzel in der ersten Nachthälfte, am Ameisensitz in der zweiten Nachthälfte! Doch trotz aller raffinierten Planung wird mein Harren, meine Taktik nicht belohnt, ich bleibe ohne Beute, sogar ohne Anblick. Und die Ausdehnung der Ansitze auf 10 – 11 Stunden bei Temperaturen bis zu 9 Grad unter dem Gefrierpunkt brachten auch oder gerade deswegen keinen Anlauf des Raubwildes. Nur kalte Gliedmaßen. Doch die Bälge sind reif … Ich bin mittlerweile auch reif – reif für die Insel. Und nach der Insel Elba kam bekanntlich der Weiler Waterloo. Wo liegt Waterloo? Mein Waterloo liegt im Sauerland! Jetzt ist es nicht mehr auszuhalten.

Frohe Pfingsten

Vom Heiligen Geist

Es wird besser – die Pandemie verliert vorübergehend an Virulenz, Pfingsten 2021 geht die Reise zu Thomas und Dorothee, in Thomas schönen Beritt, das Goveliner Revier in der Göhrde. Nach üppigem Regenfall und kaltem Frühjahr –der Mai ist kühl und nass, er füllt dem Bauern Scheun' und Fass – schimmert der Bewuchs im Forst in allen Tönen der Grünpalette.

Das zarte Grün des Blaubeerkrauts, das Hellgrün der frischen Fichtentriebe – Eichdorfs Herbergsmutter Frau Petersen bereitet daraus ein himmlisches, würzduftiges Gelee, das Frischgrün der Buchen und Birken, das Blaugrün der Kiefern. Selbst die spät treibende Eichenpracht glänzt schon in Gelbgrün. Und saftig stehen Gras und Kraut am Wegesrand. Nach strengem Winter und einer elend langen Zeit des Wartens, ohne Jagdglück, ohne Jagdbeute, ist es Augenschmaus und Labsal für mein gebeuteltes, jagdliches Gemüt. Der Empfang auf dem Hof von Thomas und Dorothee ist gewohnt herzlich und freudig, ohne je zur monotonen Gewohnheit zu werden. Es treffen sich Seemänner, seelenverwandte, kritische Jäger, wertekonservativ im besten Sinne des Wortes „bewahren“: Anstand am Wild ist nicht nur eine Art des Ansitzes. Wie ich mich freue, den jüngsten Spross der Familie Johannsen samt australischer Freundin zu treffen – ewig nicht gesehen, und nun ist Janni ein langer Kerl, zwei Kopf größer als alle um ihn herum. Und da ist auch schon die Hundemeute: die alte Labradordame Bodo, die ganz entspannt bleibt inmitten des Getümmels der anderen, jungen Hündinnen. Zum einen die passionierte und raubwildscharfe Rauhaardackeline Sharkie, die erst kürzlich eine wehrhafte Nutria weitab der Elbe und fern jeglichen Gewässers im Goveliner Revier abtat: Nichtsahnend spazierte Thomas mit Sharkie auf dem Grenzweg, als sie unvermittelt und knurrend ins hohe Kraut der Böschung sprang und nach kurzem, aber rohem Kampf einen ausgewachsenen, jetzt ausgelöschten Sumpfbiber auf den Weg zerrte – Donnerschlag! Zur Meute gehört auch die neue, lebhaft-verspielte und intelligente Kleinpudeldame Pusie, die sich am liebsten mit Sharkie balgt, denn Bodo ist ihr zu langweilig-gelassen; Bodo ist der Boss.

Thomas und Dorothee bitten zu Tee und köstlichem Kuchen, wir hocken uns an den knisternden Kamin, denn der Mai ist kühl, derweil Janni und Freundin Henrietta die Vesper für den Abendansitz bereiten – wir werden gemeinsam an unterschiedlichen Orten im Beritt ansitzen, Janni und Freundin nur aus Freude am Schauen – „wem das Schauen gegeben, der hat mehr Erleben“, Thomas und ich aus Freude am Schauen und eventuell auch mehr. Bock und Schwarzwild sind frei, nur die seltenen schwarzen Böcke sollen geschont werden, und es ist auf das Rotwild zu achten, wenn möglich, es nicht unbedacht zu beunruhigen.

Es gibt einen guten Grund, warum das Rotwild in Thomas’ Belauf tagaktiv, beobachtbar und recht vertraut ist und der Wald dennoch, oder gerade deswegen, wächst und bestens gedeiht: Der Jagdherr erlaubt keine „Herren der Finsternis“, die in stockdunkler Nacht mit Nachsicht, Auf- und Vorsatzgeräten ohne Nachsicht, aber mit Vorsatz das Wild füsilieren, am Tage camoufliert, möglichst mit Lochschaft-Repetierer, Flüstertüte und Kriegsbemalung dem „wilden Bieste“ allerorten nachstellen, es heimlich, es sich verstecken machen, es zutiefst vergrämen. Aktion „sauberes Revier“: wildsauber, wildsauer … Und in Abwandlung eines altehrwürdigen Liedes fällt mir dazu folgender Spottvers und sonst gar nichts mehr ein: „Der Jäger aus Kurpfalz, der schleichet durch den dunklen Wald, all hier auf dunkler Heid, all hier dem Wild zum Leid. Juja, juja, gar lustig ist die Schlächterei …“

Nach einer kurzen tour d'horizon wird es Zeit, die angenehme Tafel aufzuheben, meine Eichdorfer Herberge bei Familie Petersen aufzusuchen, mich einzurichten, bevor es hinausgehen wird, vorbei am Jagdschloss Göhrde hinein ins Goveliner Revier zur Jagd, zum Waidwerken! Als ich auf Petersens Hof rolle, kommt Idefix herausgeflitzt, er begrüßt und bewindet mich freudig, denn mein Beinkleid duftet nach duften Hundedamen! Idefix ist natürlich nicht der Hund vom dicken Obelix – er ist ein deutscher Kurzhaardackel, der kongeniale Jagdgefährte von Petersens Jagersohn. Und gleich darauf kommt meine Freundin hinzu – eine bildschöne, kurzhaarige Schwarze, anhänglich, anschmiegsam, grazil, schmusig – aber energisch scharf mit allem Raubgesindel – mit einem langgliedrigen und sportlich-eleganten Körper à la bella figura, einem feinen Gesicht, mit den tiefgründigst-treu-braunen Augen dieser Welt: Tanja! Tanja ist die Kopov-Bracke des alten Petersen, jagdlich hervorragend ausgebildet und mit allerbestem Appell – Herr Petersen versteht sich auf Hunde, er ist ein gescheiter, gestandener Waidmann alten Schlages! Wo logierte man besser als in diesem Jägerhaus, in dem alle Angehörigen der großen Familie Jäger und Jägerinnen sind? Als ich die Diele des ehrwürdigen Bauernhauses betreten will, kommt die Seele des Hofes aus der Tür – die liebe Frau Petersen, die in meiner Gartenhütte gerade nach dem Kaminfeuer sehen will, denn es ist wirklich lausig kalt für den Wonnemonat Mai. Groß ist die Wiedersehensfreude, nach langer, pandemiebedingter Abstinenz. Frau Petersens Frühstück, angerichtet in der Eingangshalle des Anwesens, in der beachtliche Trophäen, auch mächtige, medaillenprämierte Muffelschnecken der inzwischen vom Wolf ausgelöschten Wildschafe hängen, ist legendär – meine Jungs, die dieses Mal verhindert sind, beneiden mich alleine darum um die jagdliche Pfingstreise. Nachdem meine Dinge gerichtet sind, fahre ich die kurze Strecke ins Revier, wo Thomas in seinem alten Land-Rover am vereinbarten Treffpunkt bereits wartet, nachdem er Janni und Henrietta zuvor angesetzt hat.

Nach kleiner Einweisung entlässt mich der Freund vom Grenzweg aus zur „Tränke“. Ich biege in die sogenannte „Lange Bahn“ und rolle im Leerlauf den Forstweg hinunter – die Gummipirsch ist in diesem Revier einer Fußpirsch vorzuziehen, denn wenn das empfindliche Rotwild auf eine menschliche Spur und Wittrung stößt, dann trollt es sich sofort in Sicherheit, anders als das Rehwild, das ausgiebig und neugierig die Fährte bewinden und dann weiterziehen oder gelassen am Ort bleiben wird. Langsam rollt mein Jimny an der „Kleinen Suhle“ vorbei – aus dem Augenwinkel bemerke ich frische Abdrücke der Sauen im Uferschlamm und ebensolche Mahlstellen am Teerbaum – unten kleben schwarze Borsten, weiter oben rote Haare …, die „Kleine Suhle“ liegt an einem Fernwechsel der schwarzen Gesellen, und auch das rote Edelwild kommt hier gerne vorbei! Weiter geht es auf der Pad, ich passiere den Hochsitz „Lange Bahn“, der über dem Forstweg gleichen Namens thront und wacht. Auf den Wällen beiderseits des Weges stocken Kiefern, einzelne Fichten, Buchen und Birken, manchmal auch eine alte Eiche, stehen darin – ein grünes Paradies. Ich bin noch nicht ganz am Sitz „Knöterich“ angelangt, der inmitten einer Wegekreuzung in der Senke steht und hinter dem ich mein Auto parken und dann die 100 Gänge zur Kanzel „Tränke“ auf der Höhe pirschen werde, da springt ein Schmalreh von rechts nach links über die „Lange Bahn“ und verschwindet in dem schütteren Forst – der hiesige Teil des Kiefernwaldes ist seit meinem letzten Aufenthalt nachhaltig geläutert worden.

Vorsichtig pirsche ich über die ehemalige Sanddüne zu meinem Versteck. Nach dem forstlichen Eingriff liegt der Hochsitz gar nicht mehr so versteckt – er ragt auf dem Scheitelpunkt einer Erhebung heraus, unterhalb in einer Mulde liegt die eigentliche Tränke, das Wasserloch, voraus an der Steigung beginnt am Ende eine Dickung, zu der linkerhand aus der Rinne ein alter, zugewachsener Rückeweg führt. Um das Wasserloch stehen einzelne dichtere Baum- und Buschpartien, fettes Kraut wächst an der Tränke. Als die Schmale von der hohen Warte nicht zu entdecken ist, baume ich auf. Die siebte Abendstunde zeigt die Uhr, als alles parat liegt. Der Wind, der in der Göhrde so gern und häufig stolpert, streicht gleichmäßig aus West, also auf die Nase – so soll es sein! Da ich nichts im grünen Paradies erblicke, lausche ich dem Konzert der Vogelschar: Eichelhäher, Ringeltauben, Kuckuck, die bunte Gesellschaft der Spechte, Kleiber, Sing- und Misteldrossel, allerhand Meisen, Rotkehlchen, Rotschwänzchen, Dompfaff und Zaunkönig machen die Musik im Saal, dazu als musikalische Verzierung das Zirpen so vieler „kleiner, brauner Vögel“, deren Identität mir verborgen bleibt. Oben über dem Plenum kolkt der Rabe den Takt, wie ein schwarzbefrackter Dirigent am Pult. Es ist eine Symphonie ersten Ranges, eine Ode an die Freude – ich sitze da, ich staune, lausche, beobachte und versinke in Natur – pure Glückseligkeit.

Etwa eine Stunde ist vergangen, da verändert sich erst unmerklich, dann deutlicher die Melodie der Vögel zur Dissonanz – das harte, metallisch klingende „Tinc-Tinc-Tinc“ der Amseln mischt sich in den vordem harmonischen Chorus, das „Tschik-Tschik“ der Spechte setzt ein, die Rhythmusgruppe der ratschenden Häher hebt an. Es schärft die Sinne, lässt meine Aufmerksamkeit erwachen, nachdem ich eine Weile der Musikaufführung verträumt gelauscht habe. Kommt die Schmale zurück? Als ich die Umgebung sorgfältig betrachte, ist kein Reh in Sicht. Warum also das Crescendo? Gerade setze ich meinen Feldstecher ab, da steht ein Alttier am Wasserloch. Auf 60 Gänge. Wie hingezaubert! Einfach so! Donnerlüttchen! Die Alte muss in der Senke hinter oder in der Buschpartie in Deckung gelagert haben, sonst hätte ich sie früher entdeckt. Das Rottier schert sich nicht im Geringsten um die Kakophonie der Gefiederten, es weiß wohl, die Disharmonie gilt ihm, stattdessen äst es gierig das Grün der jungen Buchen und Birken, Blatt auf Blatt verschwindet im mahlenden Äser der Alten, jetzt nascht sie ganz vertraut von den Kräutern an der Tränke. Ihre Decke ist noch nicht durchgefärbt, im eher grau-braunen Winterkleid leuchten lediglich ein paar rote, kleine Flecken – der späte Haarwechsel ist wohl dem nass-kalten Frühjahr geschuldet. Der Wind streicht günstig. Knabbernd und äsend zieht sie bis auf 35 Gänge heran. Wo wohl ihr Kalb stecken mag? Deutlich sichtbar ist die pralle Spinne. Mitunter entschwindet das Alttier meinem Blick, zieht linkerhand in einen Hain, nur gelegentlich ist ein Fetzen der Decke im Gewirr der Äste zu erspähen, dann scheint die Kahle ganz verschwunden. Aber nein! Da steht sie ja, voraus, oder ist es ein anderes Stück? Es ist die Alte, wie ich durch das Glas herausfinde, erkenne sie am vertrauten Fleckenmuster. Sie muss in der Rinne unerkannt zurückgezogen sein.

Plötzlich wird die Alte munter, Haupt und Träger sind hoch, die Lauscher steil nach vorn orientiert, der Träger ist gereckt, und dann zieht sie zügig nach oben zur Dickung. Sucht sie ihren Nachwuchs? Ist dort ihr Kalb versteckt? Tatsächlich, inmitten eines Blaubeerplacken steht das Kalb: in Lage Null auf 110 Schritte! Doch nein, halt, da ist kein Rotkalb, es ist die Schmale von vorhin! Aufmerksam blickt diese auf das herantrollende Alttier im Hang. Dann wird es dem Schmalreh ungeheuer, es wendet und springt von der Lichtung ab in die Dickung. Die Alte tut es der Schmalen gleich, auch sie verschwindet in der Deckung. 40 Minuten hatte ich das Alttier vor, vollkommen vertraut, ungestört, gelassen – was für ein erhebendes Gefühl, was für ein erhabenes Geschenk! Jetzt ist es kurz vor der neunten Stunde – im Wald wird es dämmerig, aus Richtung Sitz „Schwankende Jungfrau" schrecken Rehe. Sie hören gar nicht mehr auf. Ziehen da Sauen? Denn auch die Schwarzkittel sind tagaktiv unterwegs, wenn auch nicht so ausgeprägt wie das Rotwild. Ich bleibe sitzen.

Kaum ist der Kanon des Schreckens verklungen, da vernehme ich Hermann Löns' Murkerich! Der viel besungene und beschriebene Bote des Frühlings ist unterwegs. Von hinten kommt er heran. Wie ich auch meinen Kopf drehe und wende, der Vogel ist schon vorüber. Nicht lang, da ertönt das nächste „Qnorr, Qnorr, Puitz". Aber auch diesen Schnepferich entdecke ich nicht. Zu schnell auch er entronnen. So lange habe ich die Limikolen entbehrt! Und nun, da es längst Frühling, kann ich sie nicht sehen. Und noch mehr Schnepf! Es wimmelt geradezu von den Vögeln mit dem langen Gesicht. Wie schön! Sie fliegen ihren Weidegründen zu oder sind im Balzrauschflug auf der Suche nach den Hennen. Und dann quietscht es: Ein Zwick, ein Stecherpaar ist unterwegs! Aber auch die kampfeslustigen, stechenden Hähne bekomme ich nicht zu Gesicht. Seit fast einer Stunde lausche ich gespannt „Ohropax und die rostige Cola" – so nennen meine Jungs „Scolopax rusticola", als schließlich eine dunkle Silhouette, diese einmalige Schnepf-Silhouette, am hellen Abendhimmel jagt. Wie wunderbar! Und es fliegen mehr Schnepf daher – alle gen Westen in den hellen Streif der untergegangenen Sonne.

Dank an Euch, ihr Zaubervögel. Dann wird es Zeit, Ruhe einkehren zu lassen, und ich baume dankbar ab.

So sehr verzauberte mich die Stimmung am Vorabend, dass ich am folgenden Morgen die „Tränke“ erneut aufsuche. Und tatsächlich, kaum dass ich sitze, quorrt und puitzt der Götterbote Murkerich. Diesmal fliegt er allerdings gen Osten. Wieder schrecken die Rehe aus Richtung der „Schwankenden Jungfrau“. Nicht viel weiter dahinter liegt die Wald-Feld-Kante und Grenze zum Nachbar. Ob das Bölken wohl ziehenden Sauen gilt? Thomas und sein Anhang hatten gestern Abend beim Abschiedsplausch am Grenzweg noch eine Rotte in Anblick. Oder liegt es an des Nachbars Büchsenschuss im Feld kurz nach der fünften Morgenstunde? Jedenfalls wünsche ich ihm Waidmannsheil. Wo bleiben meine Bekannten vom Vorabend? Das Wasserloch liegt verlassen da, obwohl Anfahrt und Angang störungsfrei gerieten. Also, was ist mit Anlauf und Anblick? Als ob es meinen Wunsch erraten hätte, steht ein Schmalreh zu. Das Schmalreh! Auch die Schmale ist noch nicht durchgefärbt, ganz grau ist sie, einige rote Stellen am Träger und das ständige Schubbern mit dem Äser auf dem Ziemer verraten, dass es längst Frühling ist. Sie hat keine Ahnung von meiner heimlichen Betrachtung. Gut so, denn alsbald ist es Zeit, abzubaumen und in meinen in Deckung abgestellten Geländewagen zu steigen.

Am Abend schickt mich der Jagdpatron zum Hochsitz „Große Suhle“. Vom Grenzweg aus strebe ich über den Pirschpfad dem Sitz zu, der bald in erhöhter Stellung in Sicht kommt. Dahinter und unterhalb in einer geschwungenen Senke liegt der lange Wildacker und schließt an die Suhle an. Zu beiden Seiten der schmalen Wildweide beschirmen Kiefern an steilen Hängen, insbesondere am rechten Hang, eine dichte Kraut- und Buschschicht aus Heidelbeeren, Waldfarn, Birken und Fichten. Ein Wildparadies! Ich hoffe, dass das Lüftchen durch das steile Relief günstig verwirbelt wird, denn ich pirsche mit Westsüdwest, also mit Nackenwind, gen Osten zur Kanzel. Als sich etwa die mittlere Leitersprosse in Augenhöhe befindet, kann ich über die Bodenwelle in die Talmulde schauen: Ein äsendes Alttier steht links am Wildacker in 60 Schritten. Wenn das mal gut geht ...! Ich entere langsam auf und beobachte dabei das Stück. Noch bin ich unverzagt, weil unerkannt und unbemerkt herangekommen und weil der Nackenwind sich anscheinend gut zerstreut; denn der zieht eigentlich zum äsenden Stück, nur steht es erheblich tiefer als ich sitze. Ganze 10 Minuten hält das Alttier aus, ohne Wind zu bekommen, es äst geschäftig vom Gras unter den Kiefern, zieht dabei langsam talwärts fort. 70 Meter sind es nun. Anscheinend hat es noch inne, sein Ranzen ist ballonartig aufgebläht. Plötzlich ändert sich die Stimmungslage, ruckartig hebt das Rottier Haupt und Träger, der Windfang steckt im Wind statt im Gras, die Lauscher orgeln umeinander, da trollt sich das Kahltier unverzüglich nach links außer Sicht. Schade, ich hätte die Dame aus dem Rotwildmilieu gerne länger beobachtet ...

Am folgenden Morgen, es ist der 23. Mai 2021, marschiere ich zur Mondscheinwiese, denn der Wind streicht nach wie vor aus West, und da werde ich auf der Kanzel östlich der Wiese heimlich hocken. Um 03:45 Uhr stelle ich meinen Wagen an der „Schwankenden Jungfrau" ab, schon grüßt im Überflug die Flugstaffel „Murkerich", eine halbe Stunde später auch an der Mondscheinwiese. Waldemar Waldhase gibt sich in der Wiese ein Stelldichein, er mümmelt von den saftigen Kräutern des Wildackers, mal hier, mal dort. Wilhelm Waldhase, sein Bruder, ist auch zugegen – die beiden haben Knies miteinander: Der erste äst und ist an diesem Ende, der zweite am anderen Ende der Wiese. Plötzlich, wie auf Kommando, hoppelt das verkrachte Bruderpaar zu Holze. Dabei macht Wilhelm ein Reh in der Dickung schrecken. Oder sollte der Rehschrecker Reineke Voss gewesen sein? Denn nur wenig später, kurz nach der fünften Stunde, nachdem das Bruderpaar die Szene zügig verlassen hat, schnürt der rote Korsar am linken oberen Eck in die Wiese. Er ist ein starker Brocken – ein Rüde wird es wohl sein, denn statt sich um Fraß für das ewig hungrige Geheck zu bemühen oder das Jungvolk jagdlich anzuleiten, fläzt er sich lässig ins Wiesengras und lässt sich die Morgensonne auf seinen feisten Wanst scheinen: ganz der Papa … Von Gleichberechtigung also keine Spur. Bald auch keine Spur von dem Fuchs, irgendwie muss er mir in Deckung der Grasnarbe aus der Sicht gekommen und zurück in den Wald geschnürt sein. Leer wie lautlos liegt der Wildacker – außer dem Zirpen der Meisen und dem Lachen der Spechte gibt es keine Laute anwechselnden Wildes. Aus der Mondschweinsonate an der Mondscheinwiese wird wohl nichts an diesem Morgen – warum auch in das Freie schweifen, wenn das Gute liegt so nah?!? Gute, frische Äsung und Fraß überall in der Deckung im Überfluss, und da drinnen weht es auch nicht so arg, und es ist nicht so hell.

Der Nistkasten rechterhand vom Hochsitz an der Lärche ist von Weidenmeisen beflogen. Die Elternvögel fliegen mit unermüdlichem Eifer allerhand Insekten und Gewürm heran, um ihre geifernde Brut zu stillen. Oder sollte der Insasse ein nimmersatter Kuckuck sein? Aber nein, der mehrstimmige Kinderchor lässt auf regulären Nachwuchs schließen – kein Kuckucks-Babymord in diesem Nest. Und außerdem wäre das Einflugloch zu klein für Mama Kuckuck gewesen. Auf einmal steht ein Schmalreh an der Salzlecke. Recht spät bist du dran, liebes Fräulein – es ist bereits 05:45 Uhr. Das Reh, es leckt und leckt und leckt, und ich kann mich wieder ornithologischen Betrachtungen hingeben: Die Weidenmeisen könnten auch Sumpfmeisen sein, genau kann ich es nicht herausfinden, zu schnell sind die Alten unterwegs, um eine definitive Bestimmung durchzuführen. Etwa eine halbe Stunde später leckt das Reh immer noch am Salz, und ich mache mir Sorgen ob einer möglichen Salzvergiftung; da geschieht eine Gedankenübertragung, denn das Schmalreh ist fertig mit der Salzstange, es wendet und zieht zu Holze. Die Bühne ist leer, ich kann störungsfrei abbaumen.

An diesem Abend geht es zu einem meiner Lieblingssitze: „Captain's Chair" – wen wunderte meine Wahl?!? Als ich fast am „Knöterich" bin, springt ein Alttier über die „Lange Bahn". Es stand direkt am Sitz, ein gutes Zeichen! Ob es „mein" Alttier war? Aber es gibt hier ein paar mehr Stücke des edlen Wildes. Nur die Rehböcke, denen ich nachstelle, haben sich bisher rar gemacht und werden sich auch während dieses abendlichen Ansitzes im Waldrund nicht zeigen – allerdings entschädigen die Flugvorführungen der Schnepfen am Himmel: Was für Freude machen diese wunderbaren Vögel mit dem langen Gesicht. Gar kein langes Gesicht mache ich – eher, dass ich mir ein ständiges Grienen ob der Frühlingsboten nicht verkneifen kann!

In der Nacht dreht der Wind auf Südost. Das ist die Chance, dem „Admiral" am dortigen Wildacker einen Besuch abzustatten. Als ich Maxis Lieblingssitz erklimme, grüßen die ersten Limikolen des Morgens – ich kann vom Waldschnepf nicht genug bekommen und entrichte meinen Gruß: Der grüne Hut geht in die Luft! Wotan Hakenflitz, der einsame Waldhase, hoppelt indessen auf dem Wildacker herum. Es ist zur fünften Stunde, als er sich nicht recht entscheiden kann, wonach es ihn nun gelüstet. Daher meldet er sich vorsichtshalber zum Rapport, denn Wotan hoppelt auf den „Admiral" zu, grüßt kurz und zackig, rührt sich und verabschiedet sich nach hinten weg.

Eine halbe Stunde bleibe ich mit meinen Gedanken allein – Hochsitzspinnereien: Ich überlege, wie es hier wohl vor 100, 1 000, 10 000, vor Abermillionen von Jahren ausgesehen haben mag. In einen dicken Pelz gehüllt, hocke ich mit wilden Jagdgesellen am Rande des Eispanzers und schaue in das Panorama der Kältesteppe. In der Tundra, an einem Rinnsal des Gletschers, zieht ein mächtiger Riesenhirsch –

unsere vermeintliche Beute! Unwillkürlich fasse ich meinen Speer fester, streiche prüfend über die Steinklinge, teste ihren festen Sitz. An einem Krautplacken verhofft der Urhirsch, sichert und beginnt zu äsen. Den Säbelzahntiger in der Deckung der Geröllhalde hat er nicht gewahr. Auch der Säbelzahn ist auf Beute aus. Einige Rentiere ziehen aus der sumpfigen Senke jenseits des anderen Ufers heran und lenken den Hirsch ab, da spurtet der lauernde Räuber los. Schon ist er über seiner Beute … Panisch flüchten die Rentiere zurück in den Sumpf – heute bleiben meinem Jagdtrupp und mir nur das Nachsehen, ein paar karge Beeren und Wurzeln vielleicht. Im nächsten Augenblick befinde ich mich in einem gigantischen Mischwald aus Baumfarnen und archaischen Nadelhölzern. Subtropisches Klima herrscht allenthalben. Am Rande der flachen Lagune, die sich vor mir auftut und an deren Gestade ein Wald aus Baumfarnen beginnt, stehen zwei kolossale Brachiosaurier, die von den Wipfelzweigen weiden. Dumpf schallt das Rumpeln und Pumpeln ihrer Magensteine, als sie Baumfarn um Baumfarn verschlingen. Etwas weiter links wälzt sich ein einzelner Stegosaurus in der Suhle. Wo wohl seine Herde steckt? Eine flüchtige Bewegung dringt durch meinen Augenschleier, reißt mich aus meinem Tagtraum, aus meiner Zeitreise in die Vergangenheit: Statt Riesenechsen im subtropischen Farnwald bummeln zwei zierliche Rehe durch borealen Kiefernwald. Es sind possierliche Schmalrehe, die da in etwa 120 Meter ziehen. Gemächlich kommen sie näher. Ist mehr Wild im Angebot? Tatsächlich: Ein Strich an Steuerbord lagert ein Rottier, 225 Meter entfernt. Mittlerweile sind die Geschwister auf 70 Meter heran, während das Alttier unbeeindruckt im Lager ruht. Die Rehe säumen weiter, knabbern von den Blaubeeren, sind jetzt etwa 110 Gänge schräg rechts von meinem Versteck.

Es ist 06:30 Uhr, das Alttier kommt hoch, halb verdeckt von Strunk und Strauch, von denen es sogleich rupft und zupft. Langsam verlagert es in der querlaufenden Senke am Ende des Wildackers. Ich beobachtete und genieße. Eine Viertelstunde darauf sind die Rehe rechts hinter der Bodenwelle entschlüpft. Das Rottier steht überwiegend verdeckt in der Rinne gegenüber der neuen Leiter – dort müsste ich jetzt sitzen … Bisweilen kann ich Kruppe und Wedel sehen. Ob es sich einmal in ganzer Schönheit zeigen wird? Bisher geizte es mit vollem Anblick. Und tatsächlich, das Alttier zieht vor, steckt seinen Träger aus dem Dickicht und schiebt sich aus dem Graben auf den Wildacker. Potzblitz! Das Rotalttier ist gar kein Tier, es ist ein junger Hirsch – jetzt erst erkenne ich die „Knubbel" im Bast. So kann man sich täuschen. Sapperlot! Als der Hirsch hinter einer Bodenwelle fortzieht, baume ich ab. Der „Knubbelhirsch" wird quasi den Anlass geben, einen wahren „Platzhirsch" zu bewundern – einen echten Lebenshirsch!

Denn am Vormittag dieses Pfingstmontags fahren Thomas und ich zur Trophäenmatinee bei Mac, einem treuen Jagdkameraden, Helikopter- und Jetveteran. Er wohnt nahebei. Mac möchte mir den gewaltigen 16-Ender vom letzten Brunftherbst „vorstellen", den Thomas dem Freund zum Abschuss freigab. Es war ein gewaltiges Erlebnis: Vom Hochsitz „Widder" verhörte Mac röhrende Hirsche, hörte den Kapitalen rufen, den Platzhirsch. Aufregung pur! Der Hirsch stand entfernt, etwa in der Nähe der Kanzel „Toten Mannes Kiste". Also pirschte Mac zu dieser Kanzel und nahm Platz. Der Hirsch stand jetzt nah, aber in Deckung. Wenn das Wild nicht zum Jäger kommt, muss der Jäger zum Wild kommen … Er entschied sich, den Recken anzugehen, nein, er robbte den schreienden Hirsch an, ganze 200 Meter weit im dichten Blaubeerkraut, inmitten des umherstehenden Kahlwildes sowie zweier Beihirsche. Die konnte er wohl sehen, nicht aber den Gesuchten. Ein gewagtes Unterfangen! Wo genau stand der Richtige? Er musste näher heran! Ständig störten beim Robben der rutschende Rucksack und das baumelnde Fernglas – Mac's Grundausbildung lag ja auch schon Jahrzehnte zurück! An einer der vielen Kiefern machte er entnervt halt und entledigte sich seines Schnerfers. An einer anderen Kiefer richtete er sich in Deckung des Stammes auf und suchte mit dem Glas nach dem Hirschen. Tatsächlich! Da stand der Kapitale und orgelte! 70 Meter nah und doch so fern. Wegen der störenden Krautschicht konnte Mac in Bauchlage nicht schießen. Zudem musste er etwas weiter vorrobben, denn der Hirsch war von zwei Kiefern verdeckt und zog langsam weiter. Also vor! Bald hatte er ihn einigermaßen freistehend. Als der Kapitale sich drehte, breit stand und einen Birkenstrauch zerlegte, richtete Mac seinen Oberkörper auf, ganz langsam, beidseitig im Kraut kniend, die Waffe im Voranschlag. Anstrengend! Der Rucksack hätte jetzt als Auflage gute Dienste leisten können, doch der lag an einer der vielen Kiefern … Der Hirsch warf auf und blickte zu Mac. Der fackelte nicht lange, backte an, visierte und ließ auf 70 Gänge fliegen. Der Hirsch hatte die Kugel. Hinterblatt! Augenblicklich stürmte er nach hinten weg und außer Sicht. Kahlwild und Beihirsche flüchteten donnernd in alle Richtungen. Zitternd richtete Mac sich auf, sortierte sich und ging zum vermeintlichen Anschuss. Dort kein Schweiß! Keine Pirschzeichen – auch nicht in Fluchtrichtung. Mac verließ den Anschuss und informierte Thomas, der rief die Forstdirektion an und bat um ein professionelles Nachsuchengespann. Nach endloser Warterei kamen Schweißhundführer und Schweißhund zur Nachsuche. Die unsichtbare Wundfährte picobello buchstabierend, fand der Schweißhund den längst mit sauberer Kugel verendeten Hirsch! Was für ein Moment! Aber es gab noch eine Nachsuche – die nach dem Schnerfer, denn Mac fand vor lauter Bäumen die eine Kiefer nicht wieder …

Das gesamte Forstpersonal kam zur Bergung und Hilfe ins Revier. An Ort und Stelle wurde der Hirsch bestaunt, aufgebrochen, versorgt und brauchtumsgerecht verblasen, Speis und Trank herangekarrt, und es wurde zünftig tot getrunken. Mac schilderte der forstlichen

Korona die Erlegung dieses außergewöhnlichen Hirsches, seines Hirsches. Alle freuten sich mit ihm, nur ganz wenige, armselige Gestalten wollten oder konnten die großzügige Geste des Jagdherrn nicht nachvollziehen … Jagdneider – beschränktes Volk! Einen langen Tag dauerte die Feier im Revier! Und Mac feiert noch heute! Zu Recht, denn ein reifer, kapitaler Hirsch wurde hirschgerecht angesprochen, angegangen, pardon: angerobbt und zur Strecke gebracht und nach waidgerechter Sitte geehrt …! Mac ähnelt mit seiner Lebhaftigkeit, seiner Passion, seiner Jugendlichkeit und seinem fixen Humor mit Verlaub dem Bergfex Luis Trenker, und seine blitzenden, Hans-Albers-blauen Augen und sein Schalk im Nacken lassen einen vergessen, dass er immerhin rüstige 85 Lenze zählt. Aber das ist nur eine bedeutungslose Zahl. Sein erlegter Hirsch ist gewaltig – ein Lebenshirsch! Ein donnerndes Waidmannsheil, lieber Mac!

Thomas führt mich am Abend dieses erlebnisreichen Pfingstmontages zur „Buchenkanzel“. Der Hochsitz steht inmitten des geheiligten Kerneinstandsgebiets des Rotwildes, und wie der Name verrät, an einem Buchenbaum. Es ist nicht irgendein Buchenbaum, es ist eine alte, zwieselige Buche, eine Hutebuche. Vom Goveliner Weg pirschen wir ein gutes Stück am Rande der aufgelassenen Oberleitungstrasse, dann biegen wir in den Hang ein. Der Pirschpfad ist mehr zu erahnen als zu sehen. Gut, dass der Freund mich leitet. Der heimliche Pfad wird steiler. Unterhalb der Hutebuche, noch im Steilhang, verabschiedet sich Thomas leise. Von jenseits der Anhöhe vernehme ich ein junges Reh schrecken. Ob wohl der Jemand die Jemandin verschreckte? Wir können es nicht gewesen sein, denn der Wind fällt zu dieser Seite herunter, ich stehe in Deckung des Hanges und Thomas steigt bereits ab. Vorsichtig pirsche, nein, klettere ich den schrägen Hang hoch zum Sitz. Ganz langsam geht es voran, denn knöcheltief liegen Eckernschalen, Laub, und Äste und Ästchen müssen umschifft werden. Endlich bin ich oben, richte mich in Deckung des Baumes auf und luge in das jenseitige Tal und in den Gegenhang. Auf den ersten Blick sehe ich kein Wild, auf den zweiten Blick auch nicht, also vorsichtig rauf auf die Kanzel. Oben eingerichtet, ventiliere ich erneut die Gegend. Es sieht sehr wildträchtig aus. Doch in dem zerklüfteten Gelände, das von einer Senke und vielen Laubbüschen wie Bäumen geprägt ist, mache ich kein Wild aus. Wo mag das Reh stecken? Warum hat es geschreckt? Vor der Kanzel, in etwa 30 Meter Entfernung, verläuft ein alter, fast zugewachsener Forstweg, auch hier wächst Äsung in Hülle und Fülle. Da, eine Bewegung! Mit einem Male tollt in Sektor Südwest, im Gegenhang, auf einer kleinen Freifläche ein Rotwildkalb umher. Etwa 200 Meter entfernt ist es. Das Kalb macht übermütige Sprints und Sprünge. Kein Wunder also, dass das Reh verschreckt wurde. Aber wo steckt zur Abwechslung das Muttertier? Aber ja, da steht es ja! Es äst von den Birkenbüschen. Mit der Zeit ziehen die beiden, wobei das Kalb immer wieder seine Turnübungen macht, weiter in meine Richtung. Sie kommen durch die Rinne herauf. Jetzt sind sie auf 50 Schritte heran, etwa Steuerbord voraus in Lage West. Hoffentlich zieht das Paar nicht weiter, denn dann werden sie unweigerlich in meinen Abwind geraten. Gedacht, getan! Tier und Kalb ziehen voran, 35 Meter sind es nur noch zu meinem Versteck, der Wind streicht von Backbord, das Rotwild steht Steuerbord schon fast ein Strich achterlicher als querab im Nordwestsektor in den Heidelbeerplacken und äst. Und dann ist es aus mit der Besinnlichkeit, aus mit der Ruhe der Alten. Meine Düse schmeckt ihr nicht, abrupt hebt sie das Haupt, und ohne einen Moment des Zögerns trollt sie mit dem Kalb im Schlepptau nach Südwest zurück in den Gegenhang – auf ein Wiedersehen! Und danke für den tollen Anblick!

Zur Ablenkung beobachte ich die Blaumeisen, die in einer Birke ihre Brut versorgen – überall in Hochsitznähe hat Thomas verschiedene Nistkästen angebracht, an den Kanzeln Fledermauskästen, und so hat man, die richtige Jahreszeit vorausgesetzt, immer etwas Anblick. Aber ich habe nicht nur Anblick, sondern Anlauf, denn das verschreckte Reh erscheint, ein Schmalreh. Es ist 19:15 Uhr, als ich es auf 185 Meter voraus entdecke! In der nächsten halben Stunde sehe und sehe ich nicht das äsende Reh, meistenteils ist es hinter einem Busch oder Baum versteckt. Mittlerweile ist es auf 90 Meter heran. Mit einem Male zieht die Schmale zügig näher, und Schlag acht Uhr steht sie am Forstweg. Endlich kann ich das Schmalreh mal komplett sehen. Mich trifft der Schlag: Das Schmalreh ist ein Knopfer, ein mickeriger Jährling mit Bastknöpfchen. Ich bin im Zwiespalt; denn eigentlich ist es ein Stück, welches man getrost der Wildbahn entnehmen sollte, andererseits sitze ich inmitten des Rotwildkerngebietes, gerade habe ich ein Alttier und Kalb mit meiner Düse in die Wüste geschickt, und sicherlich würde es meinen Abwind, seine Flucht und einen Schuss auf den Knopfer ungünstig verbinden …

Jagdherr Thomas und ich kommunizieren per SMS: „Schießen (wenn du magst)." – „Können wir ihm das Leben lassen? Der Jährling dauert mich …" – „Der feinste waidmännische Genuss ist das Säumen …" – „Genau, der Jährling steht und äst direkt in Lage Null auf 30 Meter." – „Das ehrt den Jäger." – „20:12 der erste Schnepf. Das Böckle ist sehr mit Haarpflege beschäftigt. Säumen – Gagern." – „Sitze doch Mondscheinwiese (Wind war schlecht), habe ganz guten älteren Gabler vor, verhole mich sobald ich kann, willst du morgen früh hierher?" – „Der Kuckuck spottet mich, dass ich ausließ – soll er. Heute möcht' ich diesen Anlauf nicht durch Tod beenden … Wenn Wind und Wetter passen, gerne." – „Well done, Cap! Gabler eingezogen; I evaporate!" – „Ich bin froh, dass ich auslassen durfte, das Alttier hätte meinen Dunst, den Abgang und den Schussknall auf den Knopfer verknüpft … Ich baume gleich ab; Lotsenboot Steuerbord längsseits." „Rotwild zieht auf die Wiese." – „Schön! An der Buchenkanzel ist die Bahn jetzt frei – das Böckle ist nach Westen über die Kante." „21:00 bin am/im Auto. Vielen Dank, Thomas!" – „Good night,

Heiko!“ Ich glaube, an diesem Pfingstmontag kam die Ausschüttung des Heiligen Geistes über mich … Doch spätestens am Dienstag nach Pfingsten ist es so weit – einen Tag länger ist heuer das Pfingstfest.

An jenem Dienstagmorgen sitze ich vor 04:00 Uhr an der Mondscheinwiese – die Brise brist aus südöstlicher Richtung. Ich sitze noch nicht lang, da beginnt die Aufführung: Zur Ouvertüre wünschen sich Fuchs und Has' einen „Guten Tag“. Der Fuchs ist der starke Rüde von neulich, er schnürt an der Ackerkante entlang, der Hase ist Waldemar aus der Bruderschaft, aufmerksam macht er einen Kegel und lässt den roten Baron nicht aus den „Augen“. Der Rote blickt kurz zum Hasen, ignoriert ihn, ignoriert auch seinen Bruder Wilhelm, der sich jetzt, da der Fuchs näher kommt, aus der Grasnarbe erhebt, schnürt weiter, denn wohl weiß der alterfahrene Rüde, es ist ein uneinbringliches Geschäft mit den flinken Brüdern. Alle Akteure verlassen nacheinander die Waldbühne.

Etwa eine Stunde habe ich in der Loge verbracht, da beginnt der Hauptteil der Aufführung: Ein Reh zieht halber Wegs zwischen Loge

und Salzlecke links aus dem Forst zur Wiese. Und gleich tut es sich gütlich an den Kräutern. Aber das ist ja gar kein weibliches Stück, es ist ein Bock! Endlich! Ein Jährlingsspießer, für hiesige Verhältnisse recht stark, fast durchgefärbt, halblauscherhoch hat er auf. Doch noch im Bast steht er da und lockt, lockt meinen Beutetrieb, macht meinen Drückefinger jucken. Er äst, zieht breit, zieht näher, ist unbekümmert, ganz Jungbock eben. Nach einer knappen Viertelstunde, es ist 05:15 Uhr, ist er auf 40 Schritte heran. Eine perfekte Situation. Und es wäre ein Leichtes, ihm, dem lockenden Bock, die tödliche Kugel anzutragen. Nichts dergleichen geschieht. Ich sitze da, beobachte und denke, lass ihn ziehen, lass den gut veranlagten Bock alt und reif werden. Und außerdem: Es macht keine Freude, ein bleiches Gehörn nachträglich einzufärben … Die Gier ist eine kurze Raserei, nachhaltige Freude ist anders: Weniger ist oftmals mehr.

Sein Abgang ist bühnenreif: Nachdem er äsend immer näher gezogen ist, gerät er in meinen Abwind. Da wirft der Spießer auf, tritt von rechts nach links und wieder zurück, wirft sich dann jäh herum und entschwebt wie der Heilige Geist in die Kathedrale des Waldes. Adieu, mon cher, auf ein Wiedersehen in der Zukunft – auf dem Pfade eines Jägers …

Epilog

Erinnerungen – der lange Pfad zum Jäger

Erlebnisse auf grünen Pfaden ziehen sich wie ein grüner Faden durch meine ersten Jahre in Südwestafrika und durch meine Kinder- und Jugendzeit in Deutschland. Sind es einerseits romantisch verklärte Erinnerungen an Deutschland in den 1960er und 1970er Jahren mit einer noch reichen, naturbelassenen Umwelt, sind es andererseits verstörende Bilder des Beginns umfangreicher, rücksichtsloser Verschmutzung, Vergiftung sowie des Verlustes ehemals intakter Biosphären.

Stichwort: Flurbereinigung! Die Mehrheit der Bevölkerung war in Dingen der Natur und Umwelt unwissend, ignorant und unbekümmert. Und Jahre darauf, spätestens zum Anfang des zweiten Millenniums, ist die Kulturlandschaft maschinengerecht aufgeräumt, ausgeräumt, öd und leer, in Teilen klinisch tot, die kümmerlichen Reste der Natur, in Feld, Flur, Forst, in Luft und Wasser, gezwungen und gezwängt in das geschäftige System des maschinenwirtschaftenden

Homo oeconomicus – die Hegemonie des Menschen und sein maliziöses Tun. Qualitative Verbesserungen im Verständnis und im Umgang mit der Natur wurden im Lauf der Jahre durch quantitative Effekte, fortschreitende Naturentfremdung und laienhafte, fahrlässige Romantisierung ad absurdum geführt. Wiederum zwei Jahrzehnte später stehen wir in einer fassungslos machenden Weltklimakrise – die Hegemonie der Menschheit und ihr gieriges Tun. Ginge der kritische Beobachter mehr als ein Centennium auf der Zeitachse zurück, beispielsweise hin zu Zeiten eines Hermann Löns, es kämen dem Leser Löns'scher Betrachtungen und Beschreibungen von Fauna und Flora nachdenklich stimmende Gedanken in den Sinn. Trotz noch ansatzweiser Ähnlichkeiten zwischen der Löns'schen Natur und der Natur meiner Kindheit, es bliebe ein kühner, ein vergeblicher Vergleich, es bliebe ein unumkehrbarer Quantensprung – tempi passati!

Einst waren wir frei, reich, unbekümmert. Wir Kinder wussten es nur nicht; die Erwachsenen auch nicht – beati pauperes spiritu! Nach Abschied und Ausreise von Südwestafrika und unserer Rückkehr nach Deutschland, wo wir in Hamburg zu Weihnachten 1960 ankamen, suchte ich im Laufe der Zeit zunehmend Aktionsräume und Aktivitäten draußen in der Natur. Die Natur Deutschlands war zwar weniger genormt und drangsaliert als es heute der Fall ist; einem Vergleich mit Afrikas Wildnis hielt und hält sie nicht stand. Dennoch: Geheimnisvolle Namen wie „Hoppelweg“, „Freier Berg“ und „Moorweg“ zeugten von allerlei Mysterien. Wir naturbegeisterten und wissbegierigen Kinder erforschten bald das nahe Umland: Kein Baum zu hoch, kein Weiher zu tief, kein Graben zu breit, kein Feld zu weit – meistens kamen wir danach freudestrahlend mit Schrammen und Schrunden zurück, dreckverschmiert, die Kleidung lädiert. Und im Gepäck hatten wir oft das eine oder andere Tier. Im Gegensatz zu unserer Begeisterung war die Begeisterung unserer Mütter weit weniger ausgeprägt: Stets war Wäsche- und Flickendienst gefordert. Aber dieser Umstand tat unserem Erkundungsdrang, unserer Leidenschaft, allem nachzustellen, alles zu fangen und zu sammeln, was da draußen kreuchte und fleuchte, keinen Abbruch. Wir stellten auch viel Blödsinn an; doch da muss des Sängers Höflichkeit, auch im eigenen Interesse des Chronisten, schweigen. Thomas W., Peter B. und andere waren erste Kameraden jener Zeit – wir erkundeten einzeln oder im Trupp die Umgebung. Damals gab es analoge, reale Abenteuer draußen in der Natur, nicht wie heutzutage digitale, surreale Berieselungen drinnen in der Stube: „Stubenhocker" war das ultimative Schimpfwort jener Zeit, ein Etikett Marke „geht gar nicht".

Das Wedeler Autal nahe der Elbe im Westen Hamburgs entdeckten Thomas und ich an einem mild-sonnigen Frühlingstag. Wir hatten keine Ahnung von ihrer Existenz, denn die Senke, in der die Wedeler Au aus dem Forst Klövensteen der Wedeler Marsch zufließt, war für uns Kinder tabu. Nach Ansicht der Eltern nämlich zu weit von daheim, zu gefährlich, zu einsam. Aber wie das mit Kindern so ist, das verbotene, das geheimnisvolle Terrain lockt: Wir dehnten unsere Expeditionen aus, verschoben Tag für Tag und Meter für Meter die Grenze unserer Erforschung. Freilich, ohne den Eltern zu rapportieren. Die waren ja nicht dabei und noch ahnungslos. Die Aue – wie wir bald feststellen sollten – barg eine reichhaltige Tier- und Pflanzenwelt. Und bei unseren Ausflügen gab es ständig Neues zu entdecken. Wir fühlten uns wie Robinson Crusoe, wie Christophorus Columbus, wie Pioniere, Eroberer oder Terranauten einer neuen Welt.

Am Wedeler Bahndamm entlang des Auweidenweges, der unzähligen Schlaglöcher wegen „Hoppelweg" genannt, standen einige krüppelige Eichen. Im Falllaub der Bäume und im trockenen Gras raschelte es geschäftig. Wir vermuteten allgegenwärtige Rötelmäuse. Weit gefehlt! Es war ein fetter Feldhamster, der seinen Bau bestellte und Vorräte und Nistmaterial zur Röhre trug. Der dickbackige Nager ließ sich beim Hamstern, als wir ihm staunend zusahen, gar nicht stören. Hin und wieder fing er einen zu arglosen oder vom Frühtau noch klammen Grashüpfer und verspeiste ihn mit geschickten Bewegungen seiner flinken Pfoten, offensichtlich mit Wohlbehagen. Das war uns neu – ein insektenfressender Nager! Zum Beweis, dass der Hamster doch den Nagern zugehörte, knipste der Dicke einen Halm ab, den er in seinen Pratzen drehte und sich der Länge nach einverleibte. Es sollte das einzige Mal sein, dass wir einen Feldhamster beobachteten. Damals waren wir überzeugt, es wäre ein entlaufener, zahmer, syrischer Goldhamster aus privater Haltung der nahen Erlenwegsiedlung. Nichts wussten wir vom einheimischen Feldhamster, der dereinst und Jahrzehnte später zum baustoppenden Politikum wegen dramatischer Besatzeinbrüche werden sollte …

Nachdem der Dicke von uns genug hatte und länger in seinem Bau blieb, verließen wir ihn und den „Hoppelweg" Richtung Ödland, ließen die letzten Häuser der Erlenwegsiedlung zurück. Auf zu neuen Horizonten! Eine große Brachfläche lag vor uns: Neuland! In den auf etwa vier Hektar aufgefahrenen und schütter bewachsenen Sandhügeln, beschattet nur von mächtigen Solitäreichen, spielten wir Rollen der Helden unserer Zeit: Cowboy und Indianer. Die dickrissigen, dunkelborkigen Eichen waren gigantische Zeugen unserer Rollenspiele und schienen aus noch fernerer Frühzeit zu stammen. Tatsächlich fand ich – gerade als „edler Häuptling Fliegender Pfeil" den „bösen Cowboy Frank Santer" gefangen nahm und folgerichtig an den Marterpfahl band (es war tatsächlich eine kleine Birke …) – im Sand einen großen, versteinerten Seeigel. Es sollte der prachtvollste Seeigel meiner Fossiliensammlung werden. Ein Fund wirklich aus einer lang vergangenen Zeit. Wie er wohl dorthin gekommen war? Das Rollenspiel war vorerst vergessen, stattdessen suchten wir mit tiefer Nase nach weiteren Fossilien. Und in der Tat: einige Donnerkeile lagen im kiesigen Sand. Wir rannten nach Hause und präsentierten stolz unsere steinerne Beute. So erfuhren unsere Eltern von den Kreuzzügen ins verbotene Land. Aber angesichts der fossilen Pfründe durften wir von nun an die entlegenen Gründe aufsuchen.

Graue Dünenkeiler fühlten sich am Bahndamm und im Feld kaninchenwohl, Feldlerchen tirilierten allerorten ihren betörendklaren Gesang, während in den angrenzenden Wiesen Hase, Fasan und Kiebitz sich tummelten, und vom jenseitigen Forst rief der Kuckuck seinen weitschallenden Ruf. Manchmal auch der Vogel Bülow! Das war stets ein besonderes Konzert. Im Schwarzdorn, hinter den Eichen, stöberten wir eine Fasanenhenne auf. Sie tat verletzt, ließ einen Flügel hängen, und doch war es nur eine Finte, um uns von ihrem Gesperre, das da im hohen, trockenen Gras herumwuselte, wegzulocken. Ihre mütterliche List gelang und sie verschwand mit ihren piepsenden Küken im dichten Unterwuchs. Alles so aufregend und neu.

Unsere Eltern hatten uns ja mittlerweile erlaubt, die Sandaufschüttungen zu besuchen. Eines guten Tages, als ich erfolglos nach Versteinerungen gesucht hatte, stach mich der Hafer. Mein „Puma"-Messer, Erbstück meines jagdlich ambitionierten Großvaters Franz Hugo, dem Herrn Professor, warf ich nach einer Maulwurfsburg unter den Eichen – Zielwerfen war für einen Häuptling und angehenden Jäger eine lobenswerte Praxis … Doch die profane Tat geriet zum Sakrileg: Das Zielwerfen ging eine Zeit lang gut, bis es nicht mehr gut ging; denn das geworfene Messer verschwand spurlos in dem großen Maulwurfshügel. Trotz intensiver Suche blieb es verschollen. Ich hatte mich total verworfen! Panik und Schuldbewusstsein kamen auf, der stolze Häuptling niedergemacht zum einfachen Indianer. Die gemeinsame Suche mit meinen Eltern, die mich nach reuevoller

Beichte zum Tatort begleitet hatten, blieb ebenso erfolglos. Das Erbstück war unwiederbringlich verloren. Schlimm nicht nur die Standpauke, schlimmer war es, dass meine Eltern kein einziges Wort glaubten und annahmen, ich hätte die ganze Geschichte nur erfunden, um den von ihnen angenommenen Verkauf oder Tausch des teuren Jagdmessers zu verschleiern. Sollten dort unter den Eichen eines fernen Tages Ausgrabungen gemacht werden, die glücklichen Archäologen werden ein verrostetes „Puma"-Waidblatt finden …

Am Ende der Sandaufschüttungen war ein Abhang. Dahinter begann das tiefer gelegene Auenlandparadies. Herrlich gelbes Ried wogte dort im Wind. Als Thomas und ich im hohen Gras des Neulandes Verstecken spielten – Zecken waren damals noch selten –, machten wir eine Kette Feldhühner hoch. Die Rebhühner flogen auf und purrten weg. Fasziniert blickten wir der Kette nach, zählten bis zu einem Dutzend oder mehr, und hörten dann auf zu zählen! Juchzend jagten wir den Hühnern nach, als sie in einiger Entfernung ins Gras einfielen. Bei der Hast wären wir fast in die Wedeler Au gestürzt. Die Au – was für eine Entdeckung! Die Hühner waren vorerst vergessen! Ein tief eingeschnittener, vom überhängenden Gras und Ried für den Unwissenden kaum erkennbarer Wasserlauf floss da! Auch wenn damals schon (oder noch) hohe Schaumberge der Abwässer der Sieleinleitungen – angeblich vom Rissener Krankenhaus – auf der Oberfläche schwammen, so war doch Leben in dem Bach. Dreistachelige Stichlinge flitzten umher, verbargen sich im schlängelnden Wasserkraut oder versteckten sich in Schlick und Schlamm. Manchmal fanden wir auch eine Plötze. Und in den Abzugsgräben, dessen Sedimente vom Eisenocker ganz rot gefärbt waren, war der kleine Vetter, der neunstachelige Stichling zuhause. Den erblickten wir erst im folgenden Spätwinter unter dem schmelzenden Eis des Grabens. Damals hätten wir uns nicht träumen lassen, dass in einem so seichten Rinnsal Fische leben könnten. Die Stickl schon. Im Gegensatz zur reichen Fauna des Umlandes war die Au selbst relativ arm an aquatischem Leben, Fische und Fischarten eher selten – ein Menetekel der fortschreitenden Verschmutzung in den 1950er bis 1980er Jahren.

Dennoch übte das Gewässer eine magische Anziehungskraft aus. Im Zyklus des Jahres stand es im Fokus unserer Erkundungen. Es herrschte ein frostiger Winter, Schnee glitzerte im Sonnenschein, da stöberten Peter und ich im dichten Hagdorn, dort wo ein Abzugsgraben in die Au mündete, eine Fasanenschütte auf. Wir krabbelten in das dornige Unterholz. Unter dem schützenden Schwarzdorn war Spreu lose auf den Schnee geschüttet, zahlreiches Geläuf zeugte von eifriger Annahme und Aufnahme durch das wilde Federvieh. Aber es schien uns respektlos, das Kaff so schlicht auf den schneebedeckten Boden zu kippen. Wir sannen auf Abhilfe. Fachgerecht baute Peter eine hölzerne Krippe, in die, vor Ort deponiert, wir nun Fallobst und Körner legten. Das gefiel den Gefiederten wohl ebenso wie es den Vögeln vorher genügt hatte, das Wintermahl einfach vom Boden aufzupicken. Aber angenommen war angenommen. Da standen wir dann im Busch und begutachteten stolz Werk und Ware, bemerkten die angepickten Äpfel und zählten Spuren und Geläuf im Schnee, als plötzlich die rechtmäßigen Inhaber des Jagdausübungsrechts, schwer bepackt mit Säcken voll Drusch und Kaff, bachaufwärts kamen, uns „auf frischer Tat" ertappten. Erschrocken, weil schuldbewusst, brachen wir zur anderen Seite aus dem Gebüsch und schauten aus sicherer Distanz dem Treiben der Jäger zu. Doch schnell war das Eis gebrochen, denn die Waidmänner riefen uns freundlich heran. Wir erklärten daraufhin den Behuf der Krippe und unser Interesse, erhielten von den grienenden Jägern die Erlaubnis, das Gestell an Ort und Stelle zu belassen und des Weiteren die Fasanenschütte zu versorgen. Das galt! Die Jäger waren Jagdkameraden von „Förster Heinrich". Doch zu ihm später.

Wie gesagt, das Flüsschen zog uns magisch an. Im Herbst fing ich einmal, allein entlang der Au streifend, mit bloßen Händen eine schlafende Stockente. Im Neerstrom, am Rand des Ufers, hatte sie sich unter einem Strauch versteckt und schlief, den Kopf unter eine Schwinge gesteckt. Ich, gar nicht faul, pirschte heran – es halfen der Schlaf der Ente, das Plätschern der Au und das Rauschen des Riedgrases – und ergriff den Breitschnabel. Aber gleich und groß war beiderseits der Schrecken, laut schnatternd und krakeelend biss die Ente in meine Finger und flugs war der Wasservogel in die Freiheit entkommen. Doch mein Jagdeifer war geweckt, und in Folge dieses Überfalls avancierte ich verbotenerweise zum Nimrod. Bisame gab es zahlreiche – das feuchte Biotop sagte ihnen zu. Überall tummelten sie sich in Bach und Graben, waren gleichwohl scheu und tauchten bei der geringsten Feindsichtung unter. Der rote Nager war eine zu verlockende, zu herausfordernde Beute. In Ermangelung eines Schießprügels (!) schnitzte ich einen Flitzebogen, fixierte eine kleine Taschenmesserklinge in einen Holzpfeil und zog aus zur illegalen Jagd auf den Bisam. Einmal, wirklich nur einmal, gelang es mir, den Pfeil in die Beute Bisam zu zirkeln. Der Nager war mittig getroffen und hing mit letzten Zuckungen, dann tot am Pfeil. Stolz kehrte ich heim, doch trotz illustrer Schilderung der Bergung – der tote Bisam war im strömenden Wasser der Au rasch abgetrieben und wäre trotz heroischer Wasserarbeit fast unwiederbringlich, aber vor allem beweislos, verloren gegangen – untersagte mein in diesen Dingen gestrenger Vater weitere „Wilddiebereien". Auch wenn er insgeheim stolz gewesen sein mochte – fremdes Recht galt es zu respektieren.

Nicht zu „Wilddiebereien" zählten meine vergeblichen Versuche, Grasfrösche mit einem als Angel dienenden Bambusrohrstock und einem am Ende der Schnur angeknüpften roten Faden als Regenwurmersatz zu fangen. Diese „Methode" hatte unser Nachbar vorgeschlagen. Er behauptete steif und fest, er hätte so in seiner Jugend in Mecklenburg Frösche geangelt … Nach zahllosen wie fruchtlosen Versuchen gab ich das fadenscheinige Vorhaben auf und verlegte mich auf die althergebrachte Methode: den Fang mit dem Kescher. In der Wiese lag an einem breiteren Abzugsgraben ein fast vollständig verlandeter Weiher. Dieses Wasser war das Flitterwochenparadies aller paarungsbereiten Grasfrösche und Erdkröten. Hunderte von „Doppeldeckern" paddelten in der flachen Brühe umher, zeitweilig waren im Frühjahr mehr Laichballen und Laichschnüre im Weiher als Wasser darin. Überhaupt die Braunfrösche: Nie wieder habe ich so viele Frösche und eine schier unglaubliche Varietät an Körperzeichnungen des Grasfrosches erlebt wie damals. Eines Tages mähte der Bauer nach der Zeit der frühjährlichen Froschwanderungen von und zu den Laichplätzen und -pfützen seine Wiese. Die gemähte, ehedem grüne Wiese war ein grauenhaftes Schlachtfeld – überall lagen tote, halbtote und grausam verstümmelte Grasfrösche herum, es war ein blutroter Golgatha der Braunfrösche. Und ein Festmahl für Fuchs, Iltis, Reiher und Krähen. Es mag Zufall und sicher kein monokausaler Zusammenhang gewesen sein, aber es schien, als ob sich die Grasfrösche von diesem Gemetzel nicht mehr erholen konnten – ab dem Jahr und in den Folgejahren ging ihr Vorkommen rapide zurück … Dennoch gab es noch vergleichsweise viele Frösche – heutzutage kommt einem das wie eine Fabel aus anderer Zeit vor.

Nicht weit von den Sandaufschüttungen, etwas bachabwärts, hatten Kipplaster gelbschweren, lehmhaltigen Boden auf der Wiese abgeladen. Deren Räder hatten tiefe Spurrillen hinterlassen, in denen sich Regenwasser sammelte. Eigentlich nur langgestreckte Pfützen, doch die vielen liebestollen Grasfrösche und Erdkröten waren recht unvoreingenommen in der Wahl der Laichplätze und legten ihre Eier kritiklos in die winzigsten Wasserreservoirs. Jedenfalls wimmelten unzählige schwarze und braune Kaulquappen auf gelbem Grund, als wir an einem sonnigen Vormittag auf der Suche nach Versteinerungen auf das Elend stießen. Elend, denn in den Spurrinnen erwärmte sich das Wasser zwar stark, sodass die Kaulquappen bereits weitaus größer waren als ihre Artgenossen in tiefen, kühleren Gewässern, aber es war nur noch eine Frage kurzer Zeit, bis die Pfützen ausgetrocknet wären. Hie und da quälten sich die fetten Kaulquappen schon wie Welse im Restschlamm eines afrikanischen Revieres in der Trockenzeit – sie wären dem Trockentod und gleichzeitig dem Schlachtfressen der Vögel und anderer Liebhaber aquatischer Leckerbissen geweiht gewesen, hätten wir nicht, in grenzenloser Sympathie für Frösche und Kröten, beherzt eingegriffen. Wir karrten Eimer und Kescher heran, leerten sämtliche Pfützen und retteten alle Kaulquappen, indem wir sie in das tiefe, dauerhafte Nass eines nahen Tümpels umsiedelten, es waren viele volle Eimer, die geschleppt werden mussten.

Unter der altersschwachen Brücke, die über die Au führte und dem bestellenden Landwirt als Zugang zu seinen Wiesen diente, ansonsten aber per hohem Tor mit Vorhängeschloss und Zaun verriegelt war – es bedurfte einiger „Turnerei", um das Hindernis zu überwinden – entdeckten Peter und ich eines Tages eine Drahtfalle, in der sich eine Krähe gefangen hatte. Offensichtlich hatte sie dem dargebotenen Hühnerei nicht widerstehen können. Mit Hilfe meiner Eltern fanden wir den zuständigen Jäger heraus. Als seine Adresse bestätigt war, legten wir unsere beste, grüne „Jagduniform" samt Schlips und Kragen an und radelten zu seinem Hof. Es war „Förster Heinrich", der Kreisjägermeister. Der war nun ob unserer Passion, Kleidung und Recherche im Revier recht angetan, sprach zu seiner gerade anwesenden Jagdkorona – es waren auch die Jäger von der Fasanenschütte zugegen – von uns nur als den „Häuptlingen", denn an unseren grünen Hüten steckten ellenlange Stoßfedern vom Fasanengockel, und wie wir da wie Forstdirektoren höchstpersönlich aufliefen. Er erklärte Sinn und Zweck des Krähenfangs und bat uns, in Zukunft ein aufmerksames Auge auf unser, pardon, sein Revier an der Wedeler Au zu werfen. Das musste er uns nicht zweimal sagen – vom illegitimen Nimrod zum Jagd- und Revieraufseher aufgestiegen! Fortan wurden alle harmlosen Spaziergänger, Passanten und andere Naturfreunde höflich aber bestimmt gebeten, die Tierwelt zu schonen, auf den Wegen zu bleiben und am besten gar nicht die Wiesen aufzusuchen, dann, wenn das besagte Tor mal offenstand, um die Tiere nicht zu stören. Auch der Landwirt wurde gebeten, die Mahd anzukündigen, damit wir vorher den Wiesengrund nach Rehkitzen absuchen konnten. Damals hatte das eine wie das andere noch Erfolg …!

Während also Spaziergänger gebeten wurden, sich von den Wildgründen fernzuhalten, war es für mich ein besonderer Anreiz, Rehwild unter Ausnutzung aller Deckung und des Windes so nah wie möglich anzuschleichen. Deckung gab es in den Wiesen kaum, und so kroch-pirschte ich in den morastig-rotschwarzen Abzugsgräben in sportlich ambitionierter Indianermanier an das Rehwild heran. Das Ergebnis: Ich war meist so rot wie ein Indianer oder ein Reh im Sommerhaar, mit „Pieds noirs“. Der Pirscherfolg war beständig erbracht, und befriedigt darüber, das Reh nicht vertrieben und beunruhigt zu haben, zog ich mich ebenso zurück wie ich gekommen war: im Graben. Das Donnerwetter meiner Mutter war mir jedes Mal gewiss, denn ihr Verständnis für die vermeintlich triviale Herausforderung „erfolgreiche Pirsch“ war gering ausgeprägt – nach der Pirsch auf Rehe war die Waschmaschine jedes Mal voller rotschwarz verschmierter Kleidung. Und ich Lausebengel voller Genugtuung!

Eines Tages fanden Peter und ich ein Bodennest. An einer Grabenböschung der Feuchtwiese lagen in einer flachen Mulde anderthalb Dutzend olivgrün-braune Eier: Fasan oder Rebhuhn? Nach heftigem Regen stand das Gelege unter Wasser. Augenscheinlich war es verlassen. Wir bargen die Eier und eilten nach Hause. Unsere Eltern beratschlagten in einer konzertierten Aktion, was zu tun sei, und nach einiger Recherche baten sie einen Wedeler Geflügelzüchter um Hilfe. Eile tat not, bald darauf steckten die Eier im Brutkasten! Der Züchter machte uns keine Hoffnung auf Schlupferfolg, denn die Eier, obzwar äußerlich noch intakt und nicht von Rabenvögeln angepickt, waren in der Pfütze hoffnungslos unterkühlt worden. Tatsächlich aber meldete er nach einiger Zeit erfolgreichen Schlupf dreier Fasanen – die restlichen Eier waren verdorben. Schweren Herzens ließen wir die Küken in der Obhut des Züchters zurück. Sie lebten dann mit Zwerghühnern, Laufenten und Gänsen in einer großen Freivoliere. Eine Auswilderung, obwohl von uns Findern favorisiert, schien nicht vielversprechend – Fuchsfraß oder Habichtfutter brauchte es nicht. Das leuchtete uns ein.

Penibel notierte ich alle Wild- und Tierbeobachtungen mit einem grün schreibenden, grünen Kugelschreiber in einem grünen Notizbuch, und zweimal im Jahr pilgerten mein Vater und ich zu Förster Heinrich und erstatteten Bericht: Rehe, Füchse, Iltisse, Wiesel, Mauswiesel, Hasen, Kanin, Graureiher, Weißstörche, Fasanen, Hühner, Tauben, Kiebitze, Krähen, Elstern, Bussarde, Turmfalken, Kuckucke, Enten, Blässhühner und so weiter und so fort. Nach der spannenden Berichterstattung und anschließenden Erörterung fuhr Förster Heinrich uns mit seinem armeegrünen Willys Jeep nach Hause – ein amerikanisches Abenteuer der besonderen Art: Ich erinnere die beinharte und unbequeme Federung der Rücksitze. Erhebend war es dennoch.

Im Laufe der Zeit dehnten wir unsere Ausflüge entlang der Au aus. Eines Abends fanden wir hinter dem großzügigen Anwesen des Showmasters Peter Frankenfeld einen Schlafbaum der Fasanen. Rund ein Dutzend der Hühnervögel hockten im Geäst. Im abendlichen Dämmerlicht muteten die aufgeholzten Fasanen wie fette, schwarze Trauben an. Heute ist das leider ein seltener Anblick geworden. Vielleicht fühlten sie sich von den Goldfasanen, Pfauen und anderem exotischen Federvieh auf des Showmasters riesigem Gelände angezogen, jedenfalls waren die Rufe der Pfauen laut und sehr weit zu hören. Etwas weiter bachaufwärts residierte hinter hohem Zaun und in ähnlich feudalem Anwesen der damalige und später geschasste Vorstandsvorsitzende der gewerkschaftseigenen Wohnungsunternehmung „Neue Heimat", Albert Vietor. Ältere Semester unter der Leserschaft werden sich an den Finanz- und Korruptionsskandal erinnern. Bereits damals – weit vor der Aufdeckung seiner ruchlosen Machenschaften – umgab ihn und sein immenses Grundstück ein beunruhigend-merkwürdiges wie geheimnisvolles Fluidum. Die Erinnerung an die flüchtig-seltenen Begegnungen mit seinen hübschen Töchtern dagegen eher reizend und reizvoll. Weder Fluidum, noch hoher Zaun, noch Hecke hemmten unseren Erkundungsdrang. Doch wie bereits erwähnt, das gehört hier nicht hin …

Ein Relikt der Sanddünen eiszeitlicher Moränen am nördlichen Rand des Elbe-Urstromtals war der „Freie Berg" – eine Trockenrasenidylle. Im Frühjahr beobachteten wir die damals noch zahlreichen Kaninchen, im Sommer fingen wir Rötelmäuse, Zauneidechsen, Blindschleichen und Schmetterlinge, im Frühherbst pflückten wir Birkenpilze unter den Birken. Und im Winter rodelten wir mit und ohne Schlitten die steilen Hänge hinab. In einem Frühling rollten wir auf dem „Freien Berg" abgeladene Baumwurzelballen hinab auf den „Hoppelweg" und versperrten so den Weg für den motorisierten Verkehr. Aus unserem Versteck beobachteten wir grinsend die verärgerten LKW-Fahrer, wie sie schwitzend und fluchend die schweren Teile zur Seite schoben und zogen – unsere Vergeltung für die Spurrinnen im Lehm … In der warmen Zeit erklommen wir die höchsten Wipfel der Birken, nur um das eine oder andere Mal mit lautem Krach und noch größerem Schreck Astbruch zu fabrizieren – zu ernsthaften Schäden an Leib und Seele kam es glücklicherweise nie, wohl aber zu Hautabschürfungen und Schrammen.

Leiden mussten lediglich die Birken; denn wir hatten zudem herausgefunden, dass die Rinde nach fachgerechter Schnitzbearbeitung einen herrlich süßen Saft abgab …

An den sandigen Stellen des „Freien Berges“ machte ich mir einen Spaß und fing Zauneidechsen. Falls die prachtvollen Echsen den harmlosen Nachstellungen entkommen und in ihre Behausung geflohen waren, saß ich so lange vor deren Loch, bis sie wieder daraus hervorlugten. Dann wartete ich auf ihr Erscheinen und bis sie in der Sonne badeten und sich in Sicherheit wähnten. Da packte ich behände zu; niemals verletzte ich die Eidechsen oder riss etwa die Schwanzspitze ab. Ehrenwort! Manchmal betrog ich meine Fangehre, indem ich sie im hohen Gras mit Hilfe eines Keschers fing. Das war natürlich nicht sehr sportlich. In jedem Fall brachte ich meine Beute nach Hause und ließ sie im Steingarten frei. Die Eidechsen, Männlein wie Weiblein, hielten sich einige Zeit, doch bald wanderten sie in ihr angestammtes und geeigneteres Biotop am „Freien Berg“ ab – es war ihnen wohl trotz der warmen Steinbeete vergleichsweise zu schattig und feucht in unserem Garten.

Der „Freie Berg“ hielt andere Überraschungen parat. Einmal wartete ich vor einem Eidechsenloch, als es hinter mir raschelte. Ich vermutete eine Zauneidechse und drehte mich um, da pflügte ein Maulwurf oberirdisch durchs trockene Gras! Er hatte wohl seinen Orientierungssinn verloren; denn wie sonst konnte ein Maulwurf am helllichten Tage oberirdisch seine Furche ziehen?! Den eiligen Maulwurf fing ich – er hatte ein wunderbar schwarz-seidiges Fell. Erstaunlich, wie schnell er sich im Erdreich vergrub, nachdem ich ihn ausgesetzt hatte. An einem Frühlingstag beobachtete ich ein Jungkaninchen. Es saß in der Grube vor seinem Bau. Als ich mich näherte, verschwand es in der Röhre. Schnell verschloss ich die Einfahrt, hastete nach Hause und holte Schaufel und Spaten. Dann grub ich vorsichtig die Einfahrt auf, was im lockeren Sand eine leichte

Arbeit war. Es war eine kurze Setzröhre, an dessen Ende das kleine Ding hockte: Häschen in der Grube … Behutsam griff ich das kleine Kanin, streichelte es, damit es sich beruhigte, und trug es nach Hause. Mein Vater meinte, dass es schwierig werden würde, das Wildkanin artgerecht zu halten. Aber ich bestand darauf, es zu meinen Meerschweinchen „Schnuffel" und „Linchen" zu setzen. Die Schweinchen waren in der warmen Jahreszeit in einer mobilen Außenvoliere auf dem Rasen untergebracht, doch der besseren Versteckmöglichkeiten wegen wurde das Kanin mit den Meerschweinchen in einen Stall in meinem Zimmer gesetzt. Der Käfig war mit viel Heu gefüllt und mit Kaninchendraht (sic!) abgedeckt.

Ich erinnere nicht genau, wie lange die Nager in dem Stall waren – ich meine, es wäre ein Tag und eine Nacht gewesen. Eine Vertrautheit zwischen ihnen entwickelte sich derweil nicht. Jedenfalls, als ich am anderen Morgen wieder einmal nach dem Rechten schaute, da hatte das Kanin – wohl in der Absicht, der Enge des ungewohnten Verhaus zu entfliehen – sein Köpfchen durch den engen Maschendraht gezwängt – der graue Flitzer hing in bedauerlicher Lage im Draht gefangen fest. Ich rief meine Eltern zur Hilfe, das Jungkanin befreiten wir mit Hilfe eines Seitenschneiders aus der misslichen Lage. Nach eingehender elterlicher Beratung und gutem Zuspruch war ich überzeugt, wenn auch sehr traurig, das kleine Ding wieder auszuwildern. Gemeinsam brachten wir es zum Bahndamm am „Hoppelweg", wo wir eine größere Kaninchenkolonie wussten – nahe der oben beschriebenen Sanddünen. Hei, wie ging das Kanin ab, als ich es entließ. Die Kolonie besuchte ich täglich und beobachtete ein besonderes Jungkaninchen. Ob es tatsächlich „mein" Flitzer war?! Damals gab es noch sehr viele Dünenkeiler, sprichwörtlich wie Sand am Meer. Mein Vater aber, meiner Traurigkeit ob des Verlustes gewiss und stolz, dass ich trotz aller Tierliebe dem Kaninchen die Freiheit wiedergegeben hatte, schenkte mir ein rundes, durchbrochenes Hutabzeichen aus Metall – im Rund ein fröhlich hupfender Lapuz, am Rand eingefasst von einer grünen, gedrehten Stoffkordel. Jahrelang trug ich es an meinem grünen Kinderhut!

Igel gehörten und gehören zu meinen Lieblingstieren. Mein Vater fand sie auf dem abendlichen Nachhauseweg und brachte die stacheligen Gesellen dann heim, wenn sie in späten Herbstmonaten untergewichtig unterwegs waren. Wir entflohten und entzeckten die Tiere – von der Plage „Lungenwürmer" wussten wir damals noch nichts, päppelten die Stacheltiere auf und wilderten sie zu gegebener Zeit in unserem Garten aus. Ein Naturbau war vorhanden, und lange Zeit erfreuten uns die Igel mit nächtlichen Besuchen auf der Terrasse, wo sie nach allerlei Leckerbissen verlangten und erst Ruhe gaben, bis wir ihnen den gefüllten Napf vor die Lacknasen stellten und dieser restlos geleert war.

Auch um einen verunfallten Igel sorgte ich mich. Um ihn wieder in Form zu pflegen, mussten die täglichen Futterrationen organisiert werden. Da das Taschengeld schmal war, suchte ich nach einer Nahrungsquelle, die meinen Geldbeutel nicht strapazierte und zuverlässig funktionierte: Mäuse statt Rinderhack! Anstatt nun die Mäuse in einer üblichen Bügelfalle, in die im Freien auch Vögel als Fehlfänge gelangen konnten, oder mit einer Lebendfalle oder einem eingegrabenen Eimer mit Lockwippe zu fangen – Fanggeräte, die aber umständlich und unangenehm waren, unter anderem wegen der notwendigen finalen Entnahme der Insassen, ersann ich folgende, jagdliche Methode: Mit meinem Weitschussluftgewehr „BSF" schoss ich Rötelmäuse am „Hoppelweg". Die Nager waren zwar zahlreich am Bahndamm, doch fraß der Igel die Mäuse so gierig, dass ich nur mit anhaltender Jagdanstrengung nachkam.

Es war ein schöner Samstag. Ich schoss einige Mäuse, die im Gehölz des Bahndammes wuselten. Die vielen Spaziergänger, Passanten und Fahrradfahrer nahmen unterschiedlich Anteil an meiner Futterbeschaffung: Begeisterung, Akzeptanz, Toleranz, Desinteresse und Ablehnung bis hin zu Protest – alle Gefühlsregungen waren dabei. Ein recht spezielles Radlerpaar war der frappierenden Meinung, ich schösse Singvögel. Trotz meiner korrigierenden Erläuterung waren sie weder zu belehren noch zu beschwichtigen, radelten stattdessen entrüstet von dannen und informierten die Polizei über einen „auf dem Auweidenweg Singvögel mordenden Übeltäter". Kurz darauf überraschte mich eine Streife in flagranti. Der Polizeiwagen stoppte, setzte zurück, bog in den „Hoppelweg" und hielt am Tatort „Freier Berg". Zwei uniformierte Beamte sprangen aus dem Auto. Das geladene Luftgewehr trug ich in meinen Händen: caught red-handed! Ich erinnere sehr genau, dass einer der Schupos mir das Gewehr abnahm, in die Mündung linste und fragte, ob das Gewehr geladen sei …! Mir blieb die Spucke weg, ich bejahte eiligst, und er drückte ab, diesmal die Laufmündung allerdings und glücklicherweise gen Sandboden gerichtet … Dann wurde ich zu meinen Eltern eskortiert.

Eigentlich war die Angelegenheit eindeutig und unkompliziert, wenn auch peinsam. Mein sehr viel älterer Schwager, Student der Jurisprudenz, der gerade zugegen war, erläuterte uns augenblicklich die rechtliche Lage und riet, das Luftgewehr sofort und ohne lediglich verzögernden Protest abzugeben. Das Luftgewehr wurde nach kurzer Instruktion unserer Rechte und mit der Einwilligung meiner Eltern von den durchaus freundlichen Polizisten konfisziert. Gegen den Delinquenten bzw. seine Erziehungsberechtigten wurde ein staatsanwaltliches Verfahren angestrengt, aber nach einigen Wochen vom zuständigen Richter wegen Nichtigkeit eingestellt. Bei der Rückgabe der Waffe waren die Beamten voll des Lobes, das Luftgewehr schösse hervorragend. Sie hatten es auf dem Schießstand ausprobiert … Das „BSF"-Luftgewehr steht heute noch in meinem Gewehrschrank und tut hin und wieder gute Dienste.

Als die Myxomatose die hohen Kaninchenbesätze zehntete, schoss ich mit eben diesem Weitschussluftgewehr einige der bemitleidenswerten, totkranken Kaninchen und erlöste sie von ihren Qualen. Und auch Elstern und Krähen, die nestraubend durch die Gärten zogen, zehntete ich mit dem Luftgewehr. Als probates Lockmittel dienten auf dem Rasen ausgelegte Hühnereier – damals war die Nachbarschaft äußerst erfreut ob der Hegearbeit, denn es kamen wieder mehr Singvögel durch.

Meine Tierliebe machte auch vor Weichtieren nicht halt. Eines Tages strolchte ich durch den Klövensteener Forst nahe des Rissener S-Bahnhofes und entdeckte eine Weinbergschnecke. Das war aufregend, denn die große Schneckenart gab es im näheren häuslichen Umfeld (noch) nicht. Bisher war ich Weinbergschnecken nur in der Literatur und auf einer Familienreise 1962 auf einem Markt in Benidorm begegnet, wo in grob gezimmerten Holzkisten Hunderte dieser großhäusigen Nacktfüßler über- und untereinander krochen – die schiere Menge angeboten zum schnöden Verkauf und ruchlosen Verzehr. Mich faszinierte der vermeintliche Widerspruch der trockenen Hitze Spaniens und der die Feuchtigkeit liebenden, schleimigen Schnecke.

Begeistert suchte ich im Unterholz weiter und hatte bald mehrere Schnecken gefunden. Ich eilte nach Hause und zeigte sie meinen Eltern. Sie waren ebenfalls interessiert, und meine Mutter erzählte, dass sie als junges Mädchen im Rheinland Weinbergschnecken gezüchtet hatte. Wir bauten nahe des Igelbaus für die Weichtiere einen Käfig aus engmaschigen Draht. Die Schnecken gediehen prächtig! Stundenlang beobachtete ich sie, wie sie mit ihrem Raspelmaul im Zeitlupentempo alles vernichteten – langsam, aber unaufhörlich, unaufhaltsam. Genauso war es mit ihrer Fortbewegung – stoisch, aber stetig. Auch die Kopulation der gleichgeschlechtlichen Tiere, wie sie sich umschlangen und umschleimten und bald zahllose Eier legten, war faszinierend. Aus den Eiern schlüpften zahllose kleine Schnecken, die jedoch schnell wuchsen und ihrerseits kopulierten. Noch hatten die Schnecken nichts Furchterregendes an sich. Niedlich, wenn man ihre „Hörner" anstupste, und sie dann die Stielaugen kurzfristig einzogen, so wie man den Fingerling eines Handschuhs einstülpt. Aber die Schneckenvoliere wurde bald zu eng, überall krochen Schnecken und manchmal glitzerte der Drahtverhau silbern im Sonnenlicht – es waren die Schleimspuren der jetzt sehr zahlreichen Schnecken, denn eine Dezimierung und Kontrolle durch Fressfeinde gab es im Käfig nicht – essen mochten wir unsere „Haustiere" auch nicht. Es kam der Winter, dass Treiben in der Voliere kam vorrübergehend zum Erliegen, denn die Schnecks machten dicht und vergruben sich: Eine jede generierte einen soliden, weißen Kalkdeckel in ihrer Schneckenhausöffnung.

Als das Frühjahr kam, wartete ich gespannt, dass die Weichtiere aus ihrem Winterversteck krochen – eine nach der anderen, ganz viele kamen hervor, nachdem sie ihre Kalkmauer auf- und abgestoßen hatten. Bald glitzerte es wieder, nicht vom Tau der Nacht, sondern von den Schleimspuren der Schnecken. Und sie kopulierten, es gab mehr Eier, noch mehr Schnecken, Schnecken aller Stadien und Größen. Und der Käfig wurde noch enger. Kein Halm wuchs im Gestell, nicht ein Grünzeug hatte Bestand – obwohl ich kräftig zufütterte – vor den ewig raspelnden, nagenden Schneckenschlünden.

Die Schnecken vermehrten sich weiter. Die Faszination war noch da, doch langsam aber stetig, wie die Fortbewegung und Fortpflanzung der Mollusken, wurden die Schnecken zum Schrecken. Allmählich fühlte ich mich wie der Schneckenforscher in Patricia Highsmith' gleichnamiger Erzählung. Wir kamen überein, die Schnecken freizulassen. Unabsichtlich hatten wir damit eine neue Population begründet. Es war wie Jahre später mit den Neozoen:

Einmal zahlreich da, kann man sie reduzieren und vielleicht auf niedrigem Niveau halten, aber niemals ganz zurückdrängen.

Frösche, Kröten, Molche, Lurche – davon konnte ich nie genug bekommen. Allerdings hatte es eine gefühlte Ewigkeit gedauert, bis ich die Wasser, in denen es Teichmolche gab, gefunden hatte. In ursprünglicher Unkenntnis ihrer wahren Biotopansprüche hatte ich in den falschen Gewässern gesucht. Aber dann wurde ich ein echter Molchspezialist. Überhaupt erweiterte ich jetzt meine Exkursionen und durchforschte das Schnakenmoor und den Forst Klövensteen. Im dortigen Fischteich gab es Moderlieschen, die ich in Mengen in unsere Gartenteiche und in mein Aquarium verfrachtete.

Ich erinnere es wie heute. Es war ein Samstagvormittag im Mai, als ich zum Falkensteiner Ufer an die Elbe radelte, um in einer Feuerlöschstelle Teichmolche zu fangen. Es war ein idealer, sonnig-warmer Tag, und in einer Stunde fing ich ohne Mühe 60 Molche aus dem Teich – es wimmelte nur so von Molchen. Glückliche Zeiten! Tatsächlich sollte ich mit diesen Molchen neue Populationen in unseren Gartenteichen und in denen der Nachbarn begründen. Und das, obwohl sich eine seltene, gefrässige Sumpfschildkröte in einem Becken der Nachbarn angesiedelt hatte. Jedenfalls rollte irgendwann ein Hamburger Auto auf den Parkplatz des Falkensteiner Ufers. Dem Wagen entsprangen Eltern mit zwei Kindern – Junge und Mädchen. Der Junge näherte sich neugierig und beobachtete mein Tun. Dann guckte er in den Eimer, in dem schon einige prächtige Männchen im Hochzeitskleid und Weibchen mit dicken Eierbäuchen schwammen. Es sprudelte aus seinem Munde „Mami, Mami, guck mal, der Junge fängt Krokodile …!“ Das war's! Hätte er von Eidechsen gesprochen, ich hätte Verständnis gehabt. Seine Schwester, ebenfalls neugierig geworden, schaute in den Eimer. Schwer geschockt rannte sie mit einem langgezogenen, gellenden „Iiiiih“ davon und versteckte sich hinter dem elterlichen Gefährt – die „Krokodile“

waren zu bedrohlich! Das Ehepaar hatte alle Mühe, das verstörte Mädchen einzufangen und zu beruhigen. Derweil ich weiter seelenruhig „Krokodile“ fing. Ein anschließendes, aufklärendes Gespräch mit der Familie, dass es sich um einheimische Molche und nicht um exotische Krokodile handele, bewirkte nicht viel – den Städtern erschien ich wohl wie ein armes, verwahrlostes und vernachlässigtes Kind aus grauer Vorzeit. Dass ich an jenem Tag ein überglücklicher Junge war, wollte ihnen nicht in den Sinn kommen.

Selig radelte ich mit meiner Beute heim und entließ die Molche in unsere Teiche. Am Morgen vor der „Krokodilfangaktion“ hatte ich in dem Teichbecken unseres mecklenburgischen Nachbarn eine große Ringelnatter beobachtet. Das war nicht weiter ungewöhnlich, denn Ringelnattern fühlen sich am und im Wasser recht wohl. Am Nachmittag ging ich zu meinem kleinen Teich, um nach den Molchen zu schauen. Da bemerkte ich eine grauschwarze Schlange am Rande des Teiches. Die Ringelnatter vom Morgen! Aus ihrem Maul schauten Schwanz und Hinterbeine eines Molchweibchens heraus. Das ging gar nicht! Die Molche hatte ich ja eben erst eingesetzt. Flink und ohne zu überlegen, packte ich die fette Ringelnatter hinter dem Kopf, griff mit der anderen Hand den Molchschwanz, zog das Weibchen beherzt aus dem Schlund der Natter und setzte es ins Wasser. Das dicke Molchweibchen schüttelte sich einmal und verschwand unversehrt und eilig in den kühlen Fluten. Die Schlange, die knapp so lang wie ich groß war, windete sich und wollte partout nicht kooperieren. Was nun? Ich musste die Natter fortbringen, um meine Molchpopulation zu schützen, möglichst weit fort. Ich packte sie am Schwanzende und trug sie über den „Hoppelweg“ zur Wedeler Au. An dem Samstagnachmittag im Mai herrschte warmes Wetter, es waren viele Spaziergänger unterwegs. Aber es stank! Genauer genommen, die Ringelnatter stank, denn in ihrer berechtigten Furcht entließ sie aus ihrer Kloake eine bestialisch stinkende, hell-milchige

Flüssigkeit. So pilgerten wir stinkend über den „Hoppelweg" gen Wedeler Au – das uns entgegenkommende, promenierende Fußvolk war einigermaßen perplex, wenn beim Näherkommen das Objekt in meiner Hand erkannt wurde, dann wich es erschrocken oder angeekelt ob der Erkenntnis oder des bestialischen Geruchs wegen aus ... Jedenfalls fraß diese Ringelnatter nach erfolgter Umsiedelung keinen meiner Molche.

In dem Teich unseres Nachbarn gab es zahlreiche Gelbrandkäfer und deren gefräßige Larven – gefährliche Räuber! Da es keine käferfressenden Fische in dem Teich hatte, machte ich Hegearbeit und fischte alle Käfer und Larven, deren ich habhaft werden konnte, heraus. Die gefräßigen Larven mit gebogenen Beißzangen oder Mandibeln tat ich in einen Wassereimer und setzte meinen Beutezug fort. Es dauerte nicht lange und in dem Kübel begann das große Fressen – Kannibalen unter sich: Die großen Larven fassten die mittelgroßen Larven und saugten sie aus. Zuvor waren die kleinen komplett dezimiert worden, bis nur noch die größten Larven übrig waren und diese sich gegenseitig fraßen – es blieben dann nur die dicksten Larven über, bis ich diese wie die Käfer in die ewigen Jagdgründe beförderte. Später kam ich auf die Idee, als wir noch Goldorfen, die Zuchtform des Alands, in einem Teich hatten, diesen profanen Vorgang einem vernünftigen Zweck zuzuführen und so der Nahrungskette zu dienen. Mit einer Schere schnitt ich die gefährlichen Köpfe der Larven ab und verfütterte die fetten Kadaver an die Goldorfen. Das war dann jedes Mal ein gefundenes Fressen, das Teichwasser brodelte von den gierig fressenden Fischen. So war allen Beteiligten geholfen und genützt. Als ich einmal einen dicken Döbel in der Elbe am Hamburger Yachthafen in Wedel geangelt hatte, setzte ich diesen mit Einverständnis unseres Nachbarn in dessen Teich aus – fortan war das „Gelbrandkäferproblem" ein geringeres, denn der Döbel ist seinerseits räuberisch veranlagt. Den Molchen stellte er allerdings kaum nach. Der Weißfisch war sehr scheu und selten zu sehen. In einem strengen Winter mit starkem Frost und Eis ist er leider eingegangen. Danach musste wieder ich die gierigen Larven fangen.

Claus D. und Andreas C. waren nicht nur gymnasiale Schulkameraden, sondern auch meine ersten Angelkameraden. Claus brachte mich zur Angelei, und mit Andreas zog ich manch einen fetten Aal aus der Elbe an Land. Große Aale wässerten wir mehrere Tage in fließendem Wasser, um den modrigen Geschmack loszuwerden. Das gelang auch prima, allerdings werden wir wohl nicht die Schwermetallanreicherung im Fett der Aale reduziert haben. Damals in den 1970 Jahren war es ein makabrer Witz: die Aale in eine Apotheke bringen, eichen lassen und als Quecksilberthermometer verkaufen. Heute, nach Wiedervereinigung und Abwasserreinigung und -vermeidung ist die Wasserqualität der Elbe zwar um Längen besser, jedoch ist die Gewässerqualität nicht unbedingt gestiegen ... Flurbereinigung, Vertiefung, Kanalisierung und Verbauung sind verantwortlich. Und der alte, belastete Klärschlamm und das Baggergut wiegen immer noch schwer ...

Claus war ein gut aussehender Bursche, blaue Augen, blonde Mähne, kräftig, sportlich, Schwarm aller Mädchen, aber ein echter Hasenfuß. Wir waren auf Klassenreise am Königssee: Claus und ich wollten auf Forelle oder Hecht angeln. Ein zwar untermaßiger, aber immerhin Hecht stand am Ufer unter einer im Wasser liegenden Weide. Da wir das Fliegenfischen nicht beherrschten und auch keine passenden Kunstköder dabei hatten, suchten wir nach Würmern. Die findet man unter Steinen. Claus hob jeden Stein hoch, auch die großen, schweren Brocken. Und da geschah es: Unter einem großen Stein, den er gerade hochgehoben hatte und in seinen Händen hielt, lag, zusammengerollt wie eine Sprungfeder, eine Kreuzotter! Niemals sah ich jemanden, der einen schweren Stein so schnell, so schwungvoll beiseite warf wie Claus es gerade tat – eben Sportler und Hasenfuß. Hurtig und übergangslos nahm er auch die nächste Disziplin an: das Hasenfußlaufen. Claus stürmte den Hang zum Wasser hinunter. Anhänglich und mit zunehmendem Tempo verfolgte der schnöde fallen gelassene Stein den mit wehender Mähne flüchtenden Claus, und der Stein, nicht Claus, platschte plumpsend ins Wasser des Königssees, genau dort, wo eben noch der Hecht gestanden hatte. Ein zugegebenermaßen unorthodoxer Versuch, bayerische Hechte zu fangen. Der Hecht war weg – Petri Geheul! Die Kreuzotter war auch weg, hangaufwärts in der Bodenvegetation verschwunden. Dem Hecht schauten wir mit Bedauern nach, der Otter mit weniger Bedauern.

Eigentlich, so möchte man meinen, liebe Leser, war mein Pfad zum Jäger vorgezeichnet und geebnet. War er ja auch. Denn das jagdliche Blut der Prittwitz'schen wie Tappeiner'schen Ahnen pulsierte in mir. Doch kam es vorerst anders. Als Bub war es mein sehnlichster Traum, nachdem die Berufswünsche Lokführer, Koch und Dirigent ad acta gelegt worden waren, Seemann oder Förster zu werden. Letztere Laufbahnen waren prädominant. Da nun beide Wünsche unvereinbar waren, kam ich auf die kindliche Idee, Seefahrer auf einem Tiere transportierenden Schiff zu werden. Da war mir wohl eher die Arche Noah in den Sinn gekommen als schreckliche Massentransporter für lebende Schafe von Australien in arabische Gefilde.

Zu jener Zeit war der Beruf des Försters nicht nur für mich gleichbedeutend mit Jäger und Heger! Was für ein auffallender Widerspruch zur heutigen Zeit und der Heerschar der in der Mehrheit seelenlosen Forstmanager; doch tun wir ihnen nicht pauschales Unrecht – sie sind Kinder der Zeit und des Zeitgeschehens, indoktriniert von hoher und höchster politischer wie auch professoraler Stelle – auch hier gilt: beati pauperes spiritu – selig sind die geistig Armen. Wie an anderer Stelle beschrieben, waren alle in grünem Loden gekleidete Männer Helden meiner kindlichen Vorstellungswelt und

Phantasie. Nun war es so, dass mein Vater nach unserer Rückkehr aus Afrika im Jahre 1960 nicht mehr das Waidwerk ausübte. In erster Linie wegen Posttraumata nach Kriegserlebnissen als Panzerkompanieführer im russischen Feldzug und zweitens in Ermangelung einer deutschen Jagderlaubnis. Wohl unterstützte er mein Interesse für die Jagd. Aber als mein Berufswunsch, Förster zu werden, konkretere Form annahm, redete mein Vater mir das aus, obwohl ich mit Leib und Seele daran hing. Statt positiv zu motivieren, machte er die Försterei als brotlose Kunst absurd – das war wohl seiner schlechten Erfahrung nach Kriegsende zuzuschreiben, als sein Ersuchen, eine Forststelle zu bekleiden, abschlägig beschieden worden war, denn unzählige Forstbedienstete, am Ende des Krieges noch eingezogen, strömten aus dem Feld oder aus der Kriegsgefangenschaft in ein nun flächenmäßig kleineres Deutschland, in dem erst einmal die bereits qualifizierten Förster eingestellt wurden, so sie denn als Soldat an der Front gedient hatten und nicht im heimatlichen Forstdienst verblieben waren. Da hatte ein Quereinsteiger trotz aller Erfahrung als Farmer in Südwestafrika keine Perspektive. Statt also mich zu unterstützen, machte meines Vaters Propaganda gegen den Beruf des Försters erheblichen, negativen Eindruck auf mich. Im Lichte der seit Jahren und Jahrzehnten andauernden Fehlentwicklung im forstlichen Bereich und Waldbau (!) und des wildzerstörerischen Ungeistes nicht nur des „ökologischen" Jagdverbandes, bin ich im Nachherein meinem Vater dankbar, nicht Förster geworden zu sein … Neben der Beeinflussung durch die väterliche Autorität kamen damals auch Nöte und anderweitige Interessen eines pubertierenden Jünglings hinzu: Mofas, Motorräder, Mädchen und Sport. Ich legte meine Ambitionen zur Jagd zu den Akten und entfernte sämtliche Jagdbezüge aus meinem Zimmer – vorerst. Und auch nach Abitur und Bundesmarine schaffte ich trotz des Studiums der Weltforst- und Holzwirtschaft noch nicht den Sprung zur grünen Zunft, anders als einige meiner Kommilitonen. Segeln und Seefahrt wurden meine Leidenschaft.

Doch die wirkliche, die echte Passion bahnte sich unaufhaltsam ihren Pfad aus den Tiefen der Seele zum Herz und Hirn. Ich wusste und ahnte es damals nur noch nicht. Als Berufsanfänger war ich bei einer US-amerikanischen Strategieunternehmensberatung in München angestellt. Vom Computerraum schaute ich direkt in Frankonias Büchsenmacherwerkstatt und den Büchsenmachern bei der Arbeit zu. Außerdem gab es im zugehörigen Ladengeschäft eine attraktive Verkäuferin. Beides zog an! Kurz und gut, ich wandelte auffällig häufig in den Hallen Frankonias. Irgendwann im Jahre 1987 erwarb ich ein „Zeiss"-Nachtglas, einen zünftigen Schnerfer und ein Abonnement der Zeitschrift „Wild und Hund", die mir bereits seit Kindesbeinen, von meinem jagenden Oheim und Idol Oberst a. D. i. G. und Standortkommandeur Hamburgs Heinrich v. Prittwitz, jahrgangsweise überlassen worden und dadurch bekannt und geläufig war. „Wild und Hund" noch in schwarz-weiß, Rien Poortvliets Strichzeichnungen am Rand der Texte ... welch ein prägender Genuss! Und an der Scheibe eines alteingesessenen, ehrwürdigen Jagdgeschäftes in Münchens Maximilianstraße drückte ich meine Nase platt. Das Ladengeschäft war eines von den vielen jagdlichen Institutionen, die es heute in dieser Form leider nicht mehr gibt.

Wie aber sollte aus der Passion eine gelebte Leidenschaft, aus dem Büromenschen und Berater ein Jägersmann werden? Wohl waren mein älterer Bruder Falko in München und mein Vetter Philip in Düsseldorf seit langem Jäger, aber ich konnte schlechterdings eine jahrelange Jagdausbildung bei einer lokalen Jägerschaft absolvieren. Berufliche Reisen und die zeitliche Beanspruchung als Berater machten das zu einem hoffnungslosen Unterfangen. Doch eine Safari in Südafrika anno 1987 weckte alle Phantasien und bestärkte mich in meinem Wunsch, Jäger zu werden. Vorerst schob ich einen Zwischenschritt ein: Nach dem Abschied vom Beratungsgeschäft machte ich mein Hobby zum Beruf und wurde Matrose auf einer Motoryacht im Mittelmeer. Das verstellte für weitere drei Jahre den Pfad zum Jäger. In der Zeit wurde mir klar, würde ich jetzt nicht handeln, der Jagdschein würde in absehbarer Zeit kaum zu erlangen sein. Also vertiefte ich mich in der kargen Freizeit in den „Blase" und studierte andere Jagdlexika. Schließlich besuchte ich die damals noch exklusive Jagdschule S. Seibt in Amerdingen, und in Antibes übte ich fleißig Flintenschießen auf dem dortigen Schießstand. Das klappte! Endlich hielt ich im Jahre 1991 in Düsseldorf das Prüfungszeugnis in den Händen.

Es hat eine lange, eine viel zu lange Zeit gedauert, bis ich auf die Pfade eines Jägers fand. Pfade eines Jägers, auf denen ich nach mehr als drei Jahrzehnten im grünen Rock und unter dem grünen Hut noch immer voller Passion, Begeisterung und Freude wandele. Jagd ist mir kein Hobby – Jagd ist Leidenschaft, Leben und Tod, Erleben und Verantwortung, Emotion, vernünftiges, vernunftbezogenes wie wissensbasiertes Eintreten für die Belange und das Wohlergehen der freilebenden Tiere und ihrer Lebensräume. Seelenlose Trophäenjagd, ebenso wie gleichgültige Totschießerei ist Grauen, aber Beutemachen mit vernünftigem Grund und Respekt im Umgang mit Fauna und Flora sind mir Elixier und zweite Natur: Wald und Feld mit Wild! Selbstverständlich freue ich mich über eine gute Trophäe als Lohn der Hege. Und über einen guten Braten im Ofen … Was mich aber wirklich antreibt, das ist die Faszination der Natur, der Schöpfung, die Liebe zum Geschöpf, einerlei ob Wild oder freilebendes Tier, ob groß oder klein, ob an Land oder im Wasser, und der Wunsch, dem Wild intakte Lebensräume in einer zivilisierten Welt zu schaffen, zu gestalten, zu erhalten.

Sofern es dem Schöpfer, Hubertus und Diana gewogen scheint, mich wandeln zu lassen, ich werde weiter die Pfade eines Jägers beschreiten, jagdliche Träume leben, die Poesie der Jagd erleben wollen. Und rufe allen gleichgesinnten, waid- und hegegerechten wie kritischen Jägern und Jägerinnen ein herzliches Horrido zu.

Der Autor

Heiko von Prittwitz und Gaffron, geboren 1957 in Namibia, ist seit über drei Jahrzehnten als leidenschaftlicher Jäger weltweit unterwegs. Der langjährige Kapitän geht dem Waidwerk in Deutschland nach und folgt immer wieder dem Lockruf der Auslandsjagd. Durch seine Erzählungen, darunter die bei Kosmos erschienen Werke „In Feldern und Wäldern“ und „Im hohen Berg und tiefen Tal“, sowie regelmäßige Beiträge in Jagdmagazinen hat er sich als Verfasser erzählender Jagdliteratur einen geachteten Namen erworben.

Bildnachweis
Mit einem Foto von Dr. Paul Dahms: S.223 und 20 Schwarzweißzeichnungen von Gabriele Haslinger.

Impressum
Umschlaggestaltung von Stefanie Wawer Grafik & Illustration; Münster unter Verwendung eines Farbfotos von Eike Christopher Mross (Cover).
Das Coverfoto zeigt einen Jäger mit einem erlegten Fuchs.

Mit 20 Schwarzweiß-Illustrationen.

Unser gesamtes Programm finden Sie unter **kosmos.de**.
Über Neuigkeiten informieren Sie regelmäßig unsere Newsletter, einfach anmelden unter **kosmos.de/newsletter**

Gedruckt auf chlorfrei gebleichtem Papier

ISBN 978-3-440-17436-4
Redaktion: Miriam Lanzinger
Gestaltung und Satz: DOPPELPUNKT, Stuttgart
Produktion: Angela List
Druck und Bindung: Friedrich Pustet GmbH & Co. KG, Regensburg
Printed in Germany / Imprimé en Allemagne